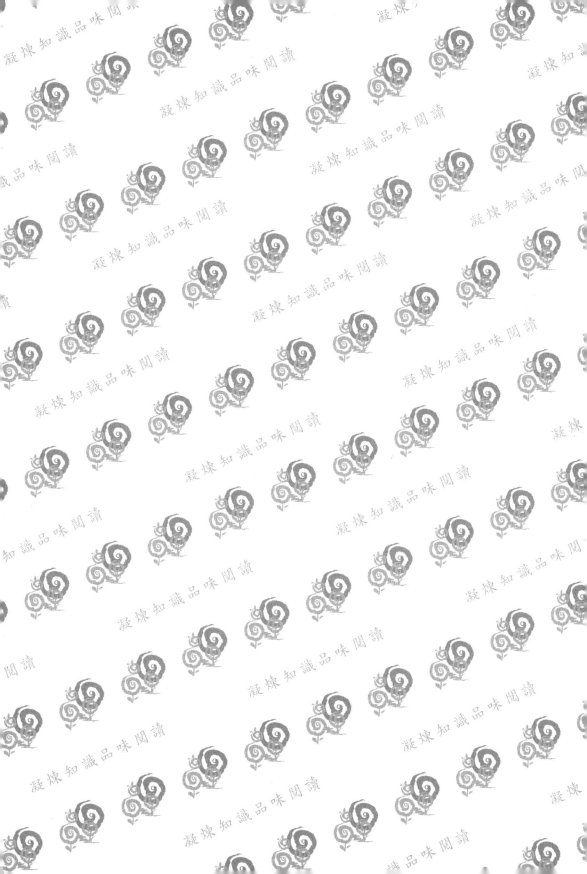

高餐大的店

創業與夢想 II

18位餐飲職人創業的夢想與實踐

五南圖書出版公司 印行

國立高雄餐旅大學 主編

師長的話

夢想是創業的基石．創業是夢想的實踐

已近廿五年歷史的高餐大，歷經專科、學院至大學，培育了無數以發揚餐旅爲使命的畢業校友。本書延續「創業與夢想Ｉ」廿四家校友餐廳創業精神與故事的介紹，此次造訪了十八位校友開創的餐廳，聽他們敘說追求夢想的熱情與勇氣，娓娓道盡餐飲人生的辛苦、心酸與甜美；一樣秉持著眞心、細心和用心，爲實踐「高餐大的店」品牌之路而努力不懈。創業的故事很多，夢想能夠實踐，絕對不是一件容易的事。祝福每一位將夢想化爲創業動力的優秀校友。

精誠勤樸，鼎鼐相傳　追求卓越，服務昂揚

放眼世界，作育英才　造福人群，餐旅之光

研究發展處研發長

二〇二〇　夏

陳秀玉

「高餐大的店」不僅是高餐校友對自我夢想的延伸，更是自我砥礪的堅持與汗水結晶。威達一生當中經歷了跌宕起伏，難能可貴的乃是其堅持不斷的勇氣與毅力－低谷時候的淚水，終將因不斷地爬起奮鬥而成為成功的甜美果實。

餐旅管理研究所所長　徐立偉

「我不知道可以走到哪裡，但我相信，每一個改變都可能埋下一顆種子。」這是宋菀柔所言，創立了一間支持「自然農法」，不用添加物，以有機食材為主的餐廳－禾豐田食，在目前食安問題氾濫的世代，宋菀柔做起學弟妹的楷模，大家可以一探她的創業歷程！

餐飲管理系主任　賴顧賢

擁有餐旅博士學位的潘威達，是一位非常有想法、有創意的青年，對於家中父母所經營的鐵板燒也經常給予創新的想法，直到現在已創立的「覓食鐵邦集團」，更是在餐飲界家喻戶曉！其創業耕耘之路值得學弟妹的學習！

餐飲管理系主任　賴顧賢

擁抱夢想　實踐不凡人生

高餐畢業校友臥虎藏龍，秉持著在校園蓄積的能量踏入社會，鍥而不捨的追尋吸取餐旅專業的精華，經年累月醞釀出不畏苦不畏難的創業家精神，勇敢而熱情的堅持夢想，祝福高餐人剔勵自新，綻放出創業有成的不凡人生，成就品牌創業的新高度。

觀光研究所所長　吳英偉

本系校友楊舜丞創業的燕麥學院，是個值得玩味的食尚空間，提供美味的燕麥料理，含有豐富的營養價值，經過慢烹細煮及創意搭配，能讓客人享受並一再體會箇中滋味，我們對舜丞校友堅持生活態度的理念，以及克服創業艱辛之路，表達支持與敬佩之意。

旅運管理系主任　甘唐沖

郝彭宏雖然大學時期選讀休憩系，他早已投入烘焙的世界，利用課餘時間在麵包坊打工，畢業後一直在烘焙的夢想道路奔跑。祝福彭宏的艾比兒甜點工作室如鷹展翅上騰，奔跑卻不困倦，行走卻不疲乏（以賽亞書四十章三十一節）。

休閒暨遊憩管理系第三屆導師副教授　蔡欣佑

祝賀凱維與佳瑋

學以致用發揮所學創造中廚最高境界（自己創業）在此祝福開張誌慶、貴客盈門、高朋滿座、財源滾滾、生意興隆、根深葉茂無疆業、源遠流長有道財，東風利市春來象、生意興隆日喜慶、熱熱鬧鬧吉兆頭，生意定會滾滾來、財源肯定不間斷。

祝生意好萬事無煩惱

財源廣賓客趕不跑

中餐廚藝系主任　陳正忠

古云：有狀元學生沒有狀元老師，每每看到我們學校畢業校友的成就，內心感受非常的欣慰，以前在學校的時候常常耳提面命的告訴學生們畢業以後都是在爲學校爭取榮譽，事實證明，校友的成就照亮了高餐，也是高餐的榮譽。

我們學校建校二十幾年，在這幾年內能夠看到校友們的成就發光發熱，實在是我們國立高雄餐旅大學的榮幸。技藝是傳承，技術不是自私，希望大家秉著高餐建校的理念，繼續努力傳承下去，讓國立高雄餐旅大學的校譽宏揚國際，在此祝福大家展店順利、鴻圖大展。

西餐廚藝系主任　陳寬定

陳建毓經營拾個月蛋糕，店名起源：「拾個月」對懷胎十月的辛苦媽媽表達敬意，對這十個月裡期盼新生兒到來的喜悅點滴倍感珍惜。店位於臺中市沙鹿區北勢東路，主打商品為：彌月蛋糕與母親節蛋糕。除了銷售蛋糕外還有餅乾，因此結婚喜餅也是經營品項之一。

烘焙管理系主任　葉連德

陳薇安開的地芋添糖，主要銷售芋圓、地瓜圓、包心粉圓、蔬果珍珠、現蒸粉粿，所有產品手工自製，沒有罐頭、香精、色素、化學、糖精，顏色來自蔬菜水果，甜味來自蔗糖。是強調產品成分源於天然且單純的「潔淨標示」企業。

烘焙管理系主任　葉連德

宜蘭「安步良食 誠食料理製作所」是鄭婷如同學自高餐五專廚藝科畢業，築夢，實踐創意的地方。

「安步良食」是一個動詞。

尊重食物，在速食社會中帶著安步當車的態度，以眞誠、務實的用良心面對人生，改善人們的擇食習慣。

透過安步良食的力量去推動飲食教育，成為餐飲業升起的新星。

五專餐飲廚藝科主任　屠國城

喬的義百種料理，是林若喬同學自高餐五專廚藝科畢業後，前往國內外知名餐廳，學習不同的技藝。

二〇一五年回高雄創業，分享自己所學，來提供美味的佳餚，經營理念以專業的廚藝，並用好食材堅持健康元素，提供異國風饗宴，堅持以創新的思維，達到好食材、好新鮮、好用心的創業目標。

五專餐飲廚藝科主任

屠國城

CONTENTS

文化

頁小館

有故事才有滋味

蔡斌翰

頁小館意指每一道菜就像一頁充滿故事的書頁。

前言

頁小館開幕不到兩年就在二〇一八年得到米其林餐盤推薦，並因此排隊客滿了一整年。蔡斌翰一直以來都學Fine Dining，從比賽到餐桌都充滿精緻美感，「但我發現，料理愈精緻，我跟家人與朋友的距離就愈遠。」所以，頁小館雖然有精緻料理的影子，但更重視的是讓人吃得飽，而且每一道菜都用文化或記憶調味，每道菜都有故事。

INDEX

Restaurant Page 頁小館

地址：臺北市中山區北安路595巷20弄4號1樓

電話：02-25328003

網址：QR Code

營業時間：週一到日/11:30-14:30；17:30-21:30

頁小館裝潢有著濃濃文化書卷味。

蔡斌翰　小檔案

出生：一九八四年

學歷：淡水商工餐飲科；國立高雄餐旅大學西餐廚藝系畢業；國立高雄餐旅大學飲食文化研究所肄業

實習：臺北亞都麗緻飯店天香樓（外場、高中）；臺北亞都麗緻飯店巴黎廳一九三〇、巴賽麗廳與館外餐廳各兩個月（內場、大學）

獎項：二〇〇五年上海美食展FHC春雞烹飪金獎、年度最佳新人獎；二〇〇九年臺北廚王國內賽金牌、國際組決賽金牌；二〇一〇年臺灣風味料理比賽銀牌；二〇一一年臺北米食料理廚藝賽異國組金牌；二〇一一年膳魔師鍋具創意套餐料理賽銀牌；二〇一一年上海FHC宴會展示三道菜銀牌

證照：中餐丙級、西餐丙級、西餐丙級授課講師

經歷：同德家商專任教師、三二行館、豬跳舞、日光大道、二〇一〇年三二行館米其林三星盛宴指任Yannick Alléno主廚特別助理、Massimiliano Alajmo主廚特別助理

創業：頁小館，二〇一六年五月至今，客單價：中午簡餐三百五十元，晚餐八百元

在頁小館吃飯，如果你夠幽默，就會發現它充滿樂趣。

例如這明明是家裝潢與外觀看起來都很歐陸的餐廳，菜單上竟然有臺灣小吃「黑白切」，但當抱著想吃黑白切的心情點了菜，端上來的也的確是雞心、雞胗、豬肝連等黑白切食材，但卻是油封料理與西餐擺盤，

頁小館空間簡約舒適。

保留Fine Dining的精緻，但讓人吃得飽，是頁小館精神。

頁小館薯條有著淡淡王子麵味道。

黑白切，擺盤很西式。

還有芥末子醬跟花椰菜點綴，根本不是臺灣小吃的樣子。於是，我們調整一下，換上吃西餐的心情，結果一入口卻又是濃濃亞洲滋味，從頭到尾讓人很錯亂。

又例如點了炸薯條，端上來，不錯，很優美，看起來很酥脆，結果一入口，「居然是王子麵的味道。」

用文化與記憶調味

頁小館，賣的不只是菜，而是那充滿創意與趣味的廚藝與文化滋味。蔡斌翰說，所謂「頁小館」指的是每一道菜就像一頁寫滿記憶與在地故事的書頁，每一道菜都用文化調味。之所以是這走向，主要因爲蔡斌翰研究所念的就是飲食文化，而且擅長拆解料理元素。

例如今天要做一道三杯雞，食材應該會有辣椒、薑、蒜頭、麻油、醬油、米酒、雞肉與九層塔等等，「那如果，我把麻油改成橄欖油呢？如果把九層塔換成薄荷呢？或是把米酒改成白酒或是萊姆酒，這時味道就有可能大大翻轉。每個食材都可以是一個連連看的元素，每個食材都有它的文化與記憶滋味，你可以任意亂連，無限創意，就會帶來無限樂趣。」

或許正因爲如此充滿樂趣，讓頁小館雖然位於臺北大直一個周邊都是住宅的安靜巷內，但每到用餐時間都人潮滿滿，特別在二〇一八年與二〇一九年連續兩年拿到米其林餐盤推薦後，直到目前仍是訂位頗難、口碑極好的餐廳。

放棄精緻餐飲與大眾接軌

蔡斌翰出生於新北板橋，國中畢業後不想念一般高中，而當時正好流行資訊與餐飲，因此跟著潮流選了淡

水工商餐飲科就讀，起初懵懵懂懂，在高二那年前往臺北亞都麗緻飯店天香樓外場實習，主管訓練他爲客人說菜，說著說著，突然就對烹調原理與餐飲文化產生興趣，因此立志報考高餐。

高中畢業進入高餐西廚系後，蔡斌翰很快展現料理天份，除了實習時再次順利進入亞都麗緻飯店，在當時由嚴長壽管理的體系中把飯店內各餐廳都走了一遍，建立對法式料理的概念，之後又在學校陳寬定老師帶領下參加美食展競賽奪下團體金牌。天份加努力，讓蔡斌翰在短短幾年內累積了許多比賽經歷與精緻料理基礎，也很順利在畢業後進入南投同德家商擔任專任老師帶學生四處比賽，之後更到三二行館等高級餐廳磨練精緻料理。「然而，愈是深入精緻料理，我就覺得自己跟社會愈脫節。」

印象最深是有一年因爲陳千浩老師被邀請協助挑選葡萄酒，因此讓蔡斌翰有機會協助一位國際名廚籌備一場高端晚宴，那一天，所有人一大早就開始備料，所有食材都很高級，龍蝦也是賓客抵達前一個小時才處理，但即便如此，每一盤食物端出去還是很多廚餘回來。「我們花很多時間把蘆筍尖端的小花一一除去，希望每一口都很完美，但實際上多數客人根本沒注意，甚至很多客人連當天到場的國際名廚到底是誰、有什麼代表作、為什麼一套值得上萬元都不清楚，許多人只是覺得這樣的場合很高級，而不是為了認識美食。」

「更重要是，曾經有一年我想孝順，於是存了錢請爸媽到亞都麗緻巴黎廳一九三〇用餐，結果是，我細細解說每道菜的料理哲學與精髓，但他們只是鴨子聽雷，整晚吃得又慢又餓又累，充滿不自在。」蔡斌翰說：「所以後來創業開頁小館，我就告訴自己應該要從文化與故事出發，我想要讓我的親朋好友與客人都能吃懂，也要能吃飽。」

不要怕做吃虧的事

很多人在職場會斤斤計較工作量是否公平，待遇是否合理，但有時，眼前的付出，回報也許會是在以後。「我在一家餐廳當主廚時，老闆外務多，又信任我，於是我必須負起更多工作。」那一年，蔡斌翰從內場廚房、員工班表、食材採購，一直到整個餐廳經營運作都要負責，期間還抽空幫老闆做菜擺盤寫文章出食譜書。當時，所有人都覺得蔡斌翰已過度忙碌，且做了太多原本不該屬於他的工作。

沒想到的是，當時看似吃虧的付出，結果是讓蔡斌翰因此認識了出版社跟許多餐飲相關廠商，「後來出版社也找我出書，而且在我籌備創業時，因為認識的廠商與食材農家多，因此得到許多幫助。」更重要是，當時幫老闆做很多看似白工的工作，實際上是得到機會，訓練了自己如何以經營者角度去看事情，這點在創業時幫助極大。不要怕吃虧，有時很多認眞付出的回報不是在金錢，也不在當下，而是會在生命轉折時陸續出現，並給予超過預期的回報。

把每位客人都當秘密客

「二〇一六年，我們幾位在同一家餐廳的同事覺得似乎該自己創業，於是，頁小館出生了。」頁小館基本上就順著蔡斌翰的規劃，以「吃得飽、吃得有故事，但又帶有精緻料理的影子」來塑造。開幕之後，很快就吸引媒體與部落客注意，並很快在二〇一八年拿下米其林餐盤推薦。

回想米其林推薦過程，「那天來的是一位很像一般客人的英國人，中午時分，他進餐廳點了一客很簡單的咖哩簡餐，吃完後付完帳，走出門，接著不到一分鐘就又回到店內說他是米其林的人，需要跟我核對資料，那時我滿心想的就是這人應該是詐騙集團。」蔡斌翰笑著說：「說眞的，你永遠不會知道米其林的標準，也不知道他們到底來過幾次或哪一天會來，經營餐廳，該做的就是要把每位客人都當秘密客般好好對待。」別把米其林放心上，它的標章才會安安穩穩掛在牆上。

頁小館開幕不到兩年就拿下米其林餐盤。

給學弟妹的一句話：

想創業，就要多去執行你想要創的那個「業」。例如想開西餐廳，那就先去西餐廳把所有該學的功課都學好，不只做菜，還包含食材採購、成本、人事、財務、水電、裝潢、動線……，就像降龍十八掌，最後那威力最強的第十八掌，就是要把前面十七掌從頭到尾打一遍，沒有學透，就不會有最後最厲害的那一掌。

採訪後記　榮耀舞臺後的汗水

頁小館在臺北是知名店家，首先當然因為它是米其林餐盤推薦，這點加分很多；再來就是它的口碑確實很好，不論是網路評價，或是美食記者同業圈，都對其菜色創意與滋味讚譽有佳。我以前沒吃過頁小館，透過這次採訪簡單嚐了黑白

蔡斌翰說，想創業，一定要先把功課都做好。

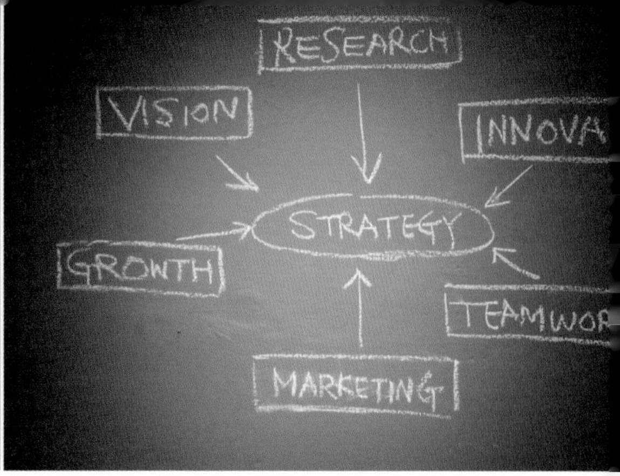

想要呈現文化滋味，必須用心。

切、蒜味薯條與桂丁雞燉飯，三道都是店內招牌，三道都沒讓人失望。

很多人羨慕能得到米其林推薦或是拿到星等，事實上這些年採訪下來就很清楚，每一位米其林主廚所要付出的努力跟時間遠遠超乎眾人的想像，舞臺光耀背後都是滿身汗水。蔡斌翰說，的確是。他也回想當年前往香港比賽，那時賽前要跟當地餐廳借廚房練習，但人家的廚房要營業，因此通常要等晚上九點廚房都下班後才能開始，這一練常常都到半夜三、四點，等碰到床時太陽都快出來了。但這些辛勞，通常沒人知道。

愈努力、愈辛勞、知名度愈大，就愈愛惜羽毛，但這時候，也往往是負面評價會跟著出來的時候。這些年來最讓蔡斌翰難忍，是剛開幕不久時一位部落客與他聯繫，表示想帶一家大小六口來用餐寫體驗文，要請頁小館免費招待並付八千元稿費。那時頁小館根本沒有多餘預算，沒答應。但等二〇一八年一得到米其林餐盤推薦後，這位部落客立即自己花錢來用餐，並快速發表了一篇負面文章。

蔡斌翰講這故事時，很平靜，而且很正向的說：「我會提醒自己要能分辨真假，該改善就改善，如果是惡意攻擊與情緒發洩，就讓自己看淡。」但事實上還是能明顯感覺他對人性的難過與失望。

我那時忘了告訴他：「其實，這也是文化！榮辱相依，福禍相隨，人性與人生就是這樣。或許，把這文化變成一道菜？」把所有的人性、榮辱、成功、挫折，都昇華成為餐桌上的滋味，這應該會很有趣吧！頁小館應該能辦到。

移居

帕狄尼諾

教父的義大利廚房

何岳宗

前言

《教父》電影裡的黑手黨從西西里島移居到紐約後，說的還是義大利文，吃的還是義大利菜，儘管環境不同，他們仍然堅持他們的生活方式與文化。「帕狄尼諾 PADRINO」店名就是義大利文教父之意，何岳宗說：「我們開這家店，就是希望雖然餐廳在高雄，但我們要盡量保留來自義大利的滋味，我們更要跟《教父》這部電影的藝術風格一樣，調性優雅、沉穩、保留著該有的格調。」

INDEX

帕狄尼諾 Padrino 義大利廚房

地址：高雄市三民區大裕路252號

電話：07-3107608

網址：QR Code

營業時間：11:30-14:30, 18:00-21:30；週二公休

何岳宗　小檔案

出生：一九八二年
學歷：高雄三民家商餐飲科，國立高雄餐旅大學二專部西餐廚藝科畢
實習：臺北法樂琪（天母店）
證照：中餐丙級、西餐丙級
經歷：法樂琪、漢來海港 Buffet 冷盤區、古德曼研磨咖啡、臺中人水私房、臺中夜間飛行、漢來飯店、高雄帕莎蒂娜
創業：帕狄尼諾 Padrino 義大利廚房，二〇一三年至今。客單價四百元

走進帕狄尼諾，從窗框透進來的光線，搭配深沈原木色澤的牆壁與桌椅，讓人彷彿走進電影《教父》場景裡的義大利小酒館。還好這個南臺灣城市，身穿黑西裝白領巾並戴圓頂禮帽的人很罕見，要不然整個餐廳環境氛圍，真會讓人以為來到西西里島。

穿過幾張典雅的餐桌，拐個彎，走上木製的二樓階梯，透過出菜窗框向內望，身材壯碩超過一百八十公分的何岳宗正拿著鐵鍋熬煮著墨魚燉飯，那高大的身材，對食物專注的眼神，還是不免讓人聯想許多電影場景常會有一群黑手黨們在討論地盤之前，會先用心討論著蒜頭與橄欖油該如何料理的趣味畫面。

帕狄尼諾義大利廚房菜色道地卻又平價，圖為卡布里番茄乳酪沙拉。

威尼斯蒜燒中卷鮭魚卵奶油墨魚燉飯，是何岳宗拿手招牌。

在這個有點文藝復興藝術氛圍，也充滿義大利風情的館子裡，以中價位方式，提供了高雄人一種沒有人工化學，而是均以原食材跟高湯調味的義大利餐飲滋味。也讓許多高雄人在網路上評論：「中價位、高品質」、「既樸實又獨特的藝術氛圍」、「獻給心中最完美的燉飯」、「吃到最後空盤醬汁沒有剩餘是最好的狀況」、「味蕾好感動啊」等等讚譽評語。

與生俱來的廚藝興趣與藝術魂

何岳宗出生於高雄，從小就愛閱讀，不過，愛讀的是閒書，藝術、美食、小說，特別是文藝復興時代的畫作與建築風格特別讓他著迷。國中畢業後就鎖定朝西洋美術或西餐餐飲方向繼續升學，因此進入住家附近的高雄三民家商就讀餐飲科，畢業後很順利考進入高餐二專部西廚科，並在專二那年進入當時正紅的法樂琪餐廳實習，打開了廚藝眼界。

「那時高餐學生都知道，法樂琪很硬，工時很長，但確實可以學到東西，當時凡是前往法樂琪實習的學姐學長回到學校，幾乎都是脫胎換骨、技術高明。」於是，抱著磨練技術的想法，何岳宗決定跳火坑，果然，累到脫胎換骨。

血汗磨難帶來技術基礎

「法樂琪實習到底有多累？」表定是九點上班，下午二點後休息到五點，大約晚上九點可以下班，實際上是每天有做不完的工作，實習那半年幾乎每天都是早上七點到廚房，一路忙到中午過後大家去休息，自己要繼續殺魚削馬鈴薯，到了晚上餐廳打烊後，還得把沒做完的工作帶回去繼續做到深夜。

例如那時快到聖誕節，其中有一道菜需要將蛋雕成花籃狀來裝魚子醬，一個餐期就要用掉七十個，那是很花時間的手工活，在廚房上班時根本沒空好好雕，最終，只能下班後帶回宿舍坐在床頭熬夜加工。

以現今眼光來看那工時確實很過勞，眾多的雜務與重複性工作永遠沒有結束的時候，但所有廚房的技術基本功，就是在這樣的重覆下磨練而成。很多人會覺得這是被凹，但對何岳宗來說，「技術層面的工作本質就是會有個人效率差異，也正因為工作量的繁重，才更能體認到必須加強培訓自我能力才能有所成長精進。重點不在於工時，而在於工作過程中能得到什麼樣的體悟與經驗。」

豐富的職場經歷

正因為正向看待實習時的辛勞，積極把工作做好，加上剛好遇到法樂琪人力缺口，所以何岳宗在法樂琪只削了一兩個月馬鈴薯後就很快脫離廚房雜務工作，進到湯檯負責處理高湯與醬汁，而高湯與醬汁正是法式料理的靈魂，這段時間除了學到如何以原食材熬醬，更學到掌握進貨、銷售與庫存技巧，為日後職場打下基礎。

帕狄尼諾義大利廚房，裝潢有些許教父電影風格。

何岳宗做菜相當專注，老經驗了卻每個步驟都不馬虎。

何岳宗的職場人生，幾乎就是一場又一場的挖角人生，有技術、肯吃苦，加上人緣不差，所以畢業進入職場後，先是被法樂琪找回去負責砧板處理肉類，除了牛豬雞羊也接觸到兔子與鵪鶉等較獨特的法式食材；半年多後被以前的師傅找去漢來海港負責 Buffet 冷盤涼菜與各式醬料；三年之後前往古德曼研磨咖啡，接觸當時正興起的複合式餐飲，一年後又分別進入臺中的人水私房與夜間飛行，一樣都是從事複合式餐飲，並在這些餐廳經歷中奠定如何經營一家中小型餐廳的基礎知能。

在臺中當過幾年主廚之後，因爲漢來主廚朋友邀約，加上想想自己也實在離家太久，於是何岳宗再回家鄉高雄進入漢來飯店十一樓池畔負責咖啡簡餐，並在半年多後轉往當時正紅的帕莎蒂娜擔任冷盤領班，並在此重拾對飲食文化的熱情。

找回熱愛義大利菜初心

人在日復一日的安逸環境中，很容易就失去熱情、忘記初心，終於最後成了機器，只是不停的在日常作息中轉動卻失去了靈魂與眞心。這種狀況，往往要碰到意外、挫折，或是幸運的遇到貴人、換了環境，才會有所改變。

這個情形也在何岳宗身上出現，但他是屬於幸運的那一種。雖然持續轉換工作，不停前往不同廚房，薪資也一路往上爬，但年輕時就想開家自己的義大利菜餐廳夢想，就在這職場輪轉過程日漸消逝了熱情。直到被好友邀請進入帕莎蒂娜，因爲餐廳體質完善，客人、老闆與同事們都對餐飲品質要求很高，何岳宗的餐飲魂因此重新被激發，開始認眞拾起書本鑽研義大利的料理文化，開始認眞理解義大利食材，並再一次爲自己的廚藝功力做了提昇。

也就在此時，剛好認識一位從事房地產業的金主，這位金主擁有眾多閒置建築，並有意將其規劃成一系列的餐飲空間，他的出現，就剛好在何岳宗重新充滿餐飲熱情的階段，兩人一拍即合。於是，何岳宗熱情愈燒愈旺，從餐廳主題、店鋪裝潢、食材進銷存控制，加上人力成本，一樣樣算得仔仔細細並開始招兵買馬，但另一頭的金主，原本以爲開餐廳就只要找個廚師會煮菜就好，沒想到成本與行政作業如此繁瑣，因此臨陣退縮。

被迫創業　天然原食材滋味受喜愛

這下可苦了何岳宗，三位廚師朋友看著他：「我們工作都辭了，現在怎麼辦？」

「禍是自己闖的，責任當然要自己擔，我們自己來！」於是，何岳宗一邊說抱歉，同時拿出多年積蓄一百二十萬，另外再找兩位朋友各投資六十萬，在合計二百四十萬元的資本下，大家一邊領失業補助金，一邊籌劃新店面，大家攜手，在極度拮据的情況下開始打造屬於自己的「教父」。

帕狄尼諾多數的菜色都不是無中生有的臺味義大利菜，而是何岳宗特別針對熱那亞、威尼斯等幾個城市的餐飲文化進行考據後才推出的菜色，除了進口食材也跟在地農民進行契作，從源頭取得品質較佳的食材，同時堅守著不用雞粉、味精等調味，所有味道都從原食材開始製作，並盡量堅守著來自義大利的原始滋味。

何岳宗會不定期前往義大利考察與學習，把原汁原味帶回臺灣。

整個餐廳裝潢也都從電影跟何岳宗一直喜愛的文藝復興藝術品中找靈感，由於用餐環境不差加上口味受喜愛，帕狄尼諾開幕後生意就迅速穩定，其中又以威尼斯蒜燒中卷鮭魚卵奶油墨魚麵與燉飯最受歡迎，黑黑的菜色呈現也頗有呼應黑手黨的樂趣在裡頭。

《教父》電影的最後，麥可幹掉五大黑幫家族對手，處決了家族叛徒泰西歐與姐夫卡洛，在門內接受眾人的吻手禮同時，手下把辦公室的門關上，也象徵麥可從此走向了不同的人生道路。但在帕狄尼諾，何岳宗沒有要幹掉高雄其他義大利餐廳，沒有要接受眾人吻手禮，他就只是默默守著廚房，有空就到義大利參訪考察，希望把原汁原味的義大利滋味，陸陸續續移居到高雄。

給學弟妹的一句話：

開店之前，要好好想清楚爲什麼要自己創業，一旦創業之後就要充滿決心，碰到困難要能堅持下去，把自己的夢想完成。

採訪後記　粗獷背後的質感與細膩

何岳宗體型相當高壯，當他以一種很粗獷的體型跟聲音說他從小就喜歡文藝復興藝術時，我突然腦中有點空白，整個連不起來。但等採訪結束，吃過他煮的燉飯、義大利麵與莫札瑞拉起司拼盤後，就突然覺得很能理解。

他是那種外型粗獷，其實內心非常細膩的人，他會注意到牆上該掛著哪些畫；會與高雄其他義大利餐廳合作出錢出力辦期刊扶助在地食材；他也會在那一年金主突然抽手，而朋友都已辭掉工作要來支持他時，堅強的站起來並就此創辦了帕狄尼諾；更不同的是，店內的菜色，都會經過一些在地飲食文化資料的爬梳再推出並盡量符合「移居」原則，不要有太多的變動。

在帕狄尼諾用餐，整個氛圍與滋味，是讓人有著教父般的愉悅，但沒有血腥味的。

面對

蘿芙甜點

陽光會在前面等著你

林書璋

前言

林書璋的人生路起伏比較大一些。高中還沒畢業，母親就過世；當兵退伍後第一個工作，當個烘焙小主管薪資也不錯，三個月後就被fire；靠著一路打拼終於快要有機會進高雄駁二開店，所有設計圖都花錢弄了，卻在即將進場前硬生生被取消。但每一次的人生挫折，你就看到，林書璋總是會爬起來面對，一次一次，讓自己迎向生命中的陽光。

INDEX

蘿芙甜點

地址：高雄市鼓山區華榮路72號

電話：07-5553252

網址：QR Code

營業時間：週一到日/11:30-20:30

（已於2020年7月由原本的高雄市鼓山區美術東二路遷移到此新地址，新的店面與經營模式，請參考其全新官網）

CACAO
BARRY
Since 1842

林書璋　小檔案

出生：一九八一年
學歷：民雄農工食品加工科，國立高雄餐旅大學二專部烘焙管理科，中華醫事學院食品營養二技夜間部畢
實習：臺南常春藤麵包點心坊
獎項：二〇一二日本東京蛋糕展巧克力工藝銅賞、二〇一三日本東京蛋糕展手工巧克力銀賞
證照：蛋糕麵包乙級證照
經歷：臺南常春藤麵包點心坊、高雄岡山加賀村麵包店、臺南遠東飯店西點部、漢來海港西點主廚
創業：蘿芙甜點，二〇一五年七月至今，客單價一百八十元

如果你是臺北人或烘焙圈內的人，或許曾經聽過「法朋」，這家以「老奶奶檸檬蛋糕」紅遍大街小巷的法式甜點店，在二〇一二年開幕一個月後就迅速爆紅，大概九個月後甜點師傅就已由最初的四個人增加到十多人。蘿芙甜點的林書璋，就是最初那四個人中的其中一人。

蘿芙甜點位於高雄市立美術館附近，有人將其稱爲「南部的法朋」，或將其譽爲「烘焙人都想造訪的店」，不同於臺北法朋以檸檬蛋糕聞名，蘿芙甜點最招牌的是被暱稱爲「蘿芙甜」的戚風蛋糕系列，每個都小小的大約三—五吋，從焦糖奶茶、蘋果、檸檬到紫芋……，眾多口味且造型與色彩非常多樣，一個人吃很滿足，二—三人一起小小慶生分享也很適合，最重要是沒有色素與香精等人工添加，且主廚待過五星級飯店，更曾

在日本手製巧克力比賽中奪得銀牌，因此推出之後長銷不墜。

此外，每天新鮮出爐，各式各樣不同的馬卡龍、生乳捲、千層蛋糕、杯子蛋糕、巧克力、喜餅、彌月蛋糕，以及各式各樣的塔派，總讓許多甜點控進到店內就理智斷線，而且走的是全價位路線，從三十元的小甜點到上千元的生日蛋糕都非常精緻，所有人都能在此找到適合自己的小小甜點，從二〇一五年開幕後就經常客滿，網路上一搜尋「蘿芙甜點」，就能看到滿滿的部落客體驗文。

這兩年隨著健身與養生風潮興起，林書瑋也感受到趨勢，並機緣湊巧於二〇一九年六月受誠品生活之邀於高醫美食街展店，並針對醫護與健康養生者之需求開始研發少糖少脂肪，更適合健身者的甜點，讓甜點往下一階段發展。

蘿芙甜點如今已是北高雄知名甜點店，體質健全、發展順利，卻很少人知道，能走到這一步，這中間過程，林書瑋有過許多的挫折與艱辛。

母親辭世　留下禮物「自信心」

林書瑋是嘉義人，高中在民雄念食品加工，因爲學校課程學過麵包製作，因此愛上烘焙。高中即將畢業前，媽媽鼓勵如果喜歡麵包可以去考高餐，不過林書瑋只是聽聽之後根本沒作聲，因爲自己從小在學業表現上不算極差，卻也不曾突出，而且高中這三年根本都沒認眞念過書，心想根本不可能考得上。

只是沒想到，媽媽這段期盼鼓勵的話語不久之後，很快就因病過世。這一年林書璋才剛滿十八歲，面對媽媽突然辭世，覺得心頭空空蕩蕩，左思右想，既然高餐是媽媽期盼，「不然重考拼看看好了！」下了決心之後就認眞拿起書本苦讀，每天早上天一亮就到補習班讀書，「我爸後來常說，那時他晚上十二點多回來，都還看到我坐在書桌前念書。」就這樣子持續大約八個月苦讀，這一年，滿分七百分，林書璋以接近六百分成績，以學號排序爲九的第九名考進高餐二專部烘焙科。

「以前我媽常說我對自己沒信心，常常事情都還沒開始做之前就先否定自己。」林書璋說，能順利考進高餐這件事，可以算是我自信心建立的基礎，「當然，我有去跟我媽說，沒擲筊杯，但我知道我媽一定很高興。」

打破固執成見　開始受教

眞正開始投入烘焙，是從二專上學期的實習課開始，林書璋前往臺南常春藤學習歐式麵包製作。

很多廚師收學生喜歡收毫無經驗的年輕人，因爲沒有經驗就代表沒有成

見，因此相對乖巧容易教。不過，林書璋雖然也沒什麼經驗，成見倒是頗多。「那時候師傅都希望我們趕快學會基礎技巧可以趕快幫忙，所以工作時間很長，每天早上七點上班一路忙到晚上七、八點，中間只能休息半小時兼吃飯。」「工作非常辛苦，但更辛苦的是每次我覺得自己認眞做出來的東西很不錯，但每次都被師傅打槍，我都覺得已經夠累了，師傅還來故意找麻煩。」

但隨著一直沒被認可，這一天，林書璋終於認眞思考「是不是我眞的應該放下成見，仔細去思考到底師傅們要的是什麼，而不是我自己覺得怎樣。」這觀念一轉，突然之間整個心胸豁然開朗，仔細的聽、認眞的學，不再自以爲是，也果然很快技術得到精進與師傅認可，並開始學到更多。也正因爲肯受教，認眞學，之後畢業進入中華醫事學院念二技，半工半讀期間，老闆又把林書璋找回去常春藤工作從學做麵包改爲做甜點，並因此奠定甜點基礎。

人生首次被資遣　把挫折當動力

退伍之後，林書璋經由友人介紹進入高雄岡山加賀村麵包店，挾著高餐學歷與常春藤工作資歷，一進去就當小主管，薪水三萬五千元，這對一個剛畢業退伍的年輕烘焙師傅來說已是不錯待遇。志得意滿，覺得自己什麼都很行，結果大約三個月後，老闆就打

電話來請林書璋走路，理由是品質起起伏伏，有老顧客抱怨同一支商品昨天很好，今天就很不行。

「我太震驚了！我覺得自己表現不差，有什麼理由要我走？若覺得品質不穩，應該儘早告訴我的。」然而，畢竟年輕，不知如何辯解，只能默默接受並離開。「雖然老闆口氣沒有不好，也很尊重，但我還是渡過了我人生最低潮。」

原本以爲自己對烘焙與甜點領域都已經無所不知，原本覺得有高餐烘焙學歷，又有食品營養學歷，人生職業道路應該會很順暢，結果沒想到第一個工作短短三個月就被資遣。在這意志極度消沈之際，在這淪落到打零工作鳳梨酥賺生活費之際，一個朋友詢問：「要不要去臺南遠東飯店西點部當助理學徒？薪水二萬三千元。」

這薪水，硬生生比之前少了三分之一，但在都已經淪落到打零工之際，林書璋點頭同意，

「結果進入之後，我才知道原來自己眞的是井底之蛙。」五星級飯店裡的烘焙甜點，跟街邊西點麵包店的甜點根本不是一個檔次，進到飯店之後，這才開始認識馬卡龍、手工巧克力……等精緻甜點，「於是，我開始心裡感謝那位 Fire 我的老闆，我丟棄所有曾經的傲慢無知，讓自己歸零虛心學習，有課就去進修，奶油、巧克力等食品公司推出任何進修課，我只要有空就去上。」

在這態度下，林書璋重新爲自己打下更深的基礎，在遠東一年半，從助理變成領班，重新認識甜點與各種高級食材、陳列技巧與工作流程及分工。

沉浸巧克力世界　到日本奪銀牌

在廚師朋友引薦下，林書璋離開遠東前往苗栗大湖巧克力雲莊擔任主廚，那一年半期間剛好是雲莊極速擴張時，短短四個月就從一家店展到八家百貨店，在此期間，除了協助雲莊生產與照顧品質，也精進了自己的手工巧克力知識與技巧，期間曾參與蛋糕協會主辦的巧克力工藝競賽拿下臺灣冠軍，再代表臺灣前往日本東京蛋糕展比賽奪下銅牌。

之後前往臺中裕元花園酒店擔任西點主廚，這年林書璋才三十二歲，在飯店西點圈中算是最年輕主廚，這一年又再一次前往日本參與巧克力競賽，更進一步拿下銀牌，曾經被 Fire 的陰影早就遠離，美好的道路正在面前展開。

二〇一二年，以前一起待在臺南遠東飯店的李依錫師傅想創業開法式甜點店，邀請林書璋一起幫忙，這店就是臺北「法朋」，開幕一個月後就火紅至今，這也讓林書璋有了自己創業的念頭。隨著法朋極度穩定發展順暢，林書璋於是決定回南臺灣籌備創業。回南部後首先進入漢來海港擔任自助餐甜點主廚，「漢來海港的特色是只要總體營業額撐出來，就有一定比例的食材成本讓廚師自己去運用，因此想用什麼好食材都可以。」在此階段，林書璋協助漢來海港籌備臺南南紡店，也有機會自己去決定食材與餐具，就像學習如何自己開家店一樣。

在駁二跌倒　蘿芙甜點誕生

創業機會很快來臨，當時駁二正準備大力發展，經過會談，因此開始籌劃，地點決定了，設計圖畫了，員工找了，冰櫃下訂開始製作了，也跟漢來遞辭呈了，一切都規劃完成，準備過幾陣子簽約後就要進駐，突然間，計畫中止。「對方說是擔心駁二已太多商業氣息，我們這種店缺乏文創感，會惹爭議。」「不甘心，怨恨，驚慌，但沒辦法，因爲眞

的約還沒簽，之前都只是口頭承諾。」

頭洗一半，水再冰也只能繼續洗，於是，林書璋拿出所有積蓄，跟老婆與兩位親友一起創辦「蘿芙甜點」。蘿芙「Loft」意指「工業風」，這名字就是因爲之前預定在駁二時規劃的風格。

很幸運的是，蘿芙開幕三個月後就開始人氣爆棚，一年後已成爲高雄知名精緻甜點代表店，走出了自己的道路。現在的蘿芙甜點經常被嫌貴，「那沒辦法，因爲成本就在那邊。」林書璋說，但我一直相信「被嫌貴沒關係，千萬不能被嫌難吃，被嫌貴還是有識貨的人會來，被嫌難吃就沒辦法了。」

這一天，蘿芙甜點店門口，多樣商品依舊繽紛，窗臺灑滿陽光。

給學弟妹的一句話：

不要害怕失望與挫折，不需要否認錯誤，面對困境，就要好好面對。

採訪後記　倔強與分享

這次高餐十八位校友創業故事約訪過程中，林書璋是最難約的一位，當時不解怎麼這人連講電話都沒時間，等採訪當天才知他有多忙。當時正值蘿芙甜點高醫店展店，加

上時近中秋，每天他要自己送貨、做甜點、接送小孩、採買食材，幾乎是一睜眼就開始工作到晚上，連手機都不太有時間慢慢滑。

儘管忙碌，但明顯感覺林書璋樂在其中，開心的攪拌著奶油與麵粉，開心的聊著甜點，早年被 Fire，被突然中止合作的種種挫折到了如今都只是人生中曾經有過的坡坎，可以笑著來回憶。

在困境時，在挫折時，只是抱怨與辱罵不會有用，最重要是，放棄成見，好好思考，好好面對，然後跨過去。林書璋不只這樣建議學弟妹，他自己的人生，也真的是這樣在面對。

熱忱

喬的義百種料理

林若喬

會放暑假的排隊店家

前言

每年林若喬都會關店休息讓自己跟員工放暑假，平常每天也只做一個餐期，她不是懶，而是認眞工作也認眞過生活，不是只想賺錢，而是熱忱擁抱生命。

INDEX

喬的義百種料理Ciao Chiao Table

地址：高雄市三民區撫順街53號

電話：07-3222539

網址：QR Code

營業時間：週三到五/17:00-20:00；週六日/11:00-14:00，17:00-20:00；週一二公休

林若喬　小檔案

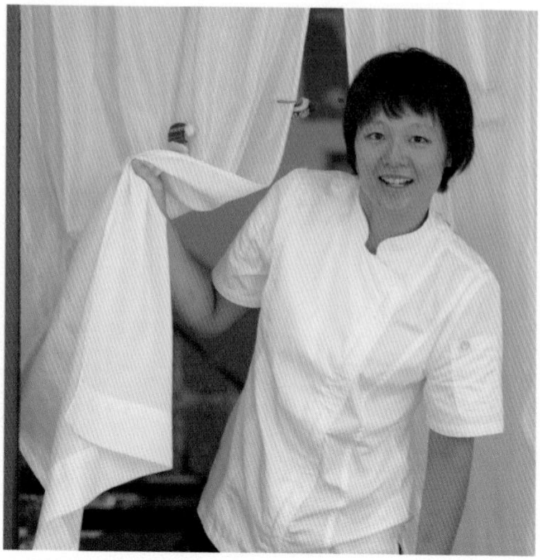

出生：一九九〇年
學歷：國立高雄餐旅大學五專部餐飲廚藝科
實習：君悅飯店員工餐廳
獎項：全國技能競賽中區第四名
證照：丙級中式米食加工技術士、丙級中餐烹調技術士、丙級西餐烹調技術士、丙級烘焙麵包技術士、丙級烘焙西點蛋糕技術士
經歷：臺中樂沐、西班牙米其林三星實習、智利餐廳實習、義大利佛羅倫斯廚藝職業學校飲食研究所
創業：喬的義百種料理，二〇一五年至今，客單價二百元

喬的義百種料理位於高雄三民區，它締造了幾個非常有趣的畫面。首先，它是二〇一五年間開設於吉林夜市附近、位於老舊公寓一樓的義大利麵與燉飯店，但因店面只有小小十坪，以至於料理餐車只能擺在騎樓，「一個待過米其林三星的廚師站在路邊攤餐車上料理純正的義大利燉飯」，這個畫面很幽默。

其次，爲了不想天天作一樣的飯菜，所以這家店「每週換一次菜單」，一年五十二個禮拜，從二〇一五年開始這二百多種菜單記錄至今都仍保存，早已不只「喬的一百種」料理，但厲害的是，雖然主要都是燉飯與義大利麵，卻眞的每週所用食材與滋味都不相同，永遠讓客人有新鮮感，也讓作菜的廚師持續保持創作熱情。

每週菜單都會更新，並於店中黑板公布，每週都有驚喜。

再來，喬的義百種料理於二〇一八年搬到現址，雖然店面依舊很小，但終於有了自己的廚房，不需要繼續站在路邊煮西餐，但這裡是偏僻靜巷，原本大家做好了生意會下滑的心理準備，沒想到的是排隊客人不減反增，讓小小店門口要寫滿停車注意等標語，也因自律與禮貌，儘管人潮眾多但仍能與鄰居間關係融洽。

最後一個特別處是，儘管生意好、有口碑，但若喬從沒想過所謂乘勝追擊、增加營收等事，相反的，她仍讓自己的菜色維持平價，持續周休二日，平日每天只做一個餐期，每年會放自己與員工二到三個禮拜的暑假，然後利用這空下來的時間，或許旅遊、或許運動、或許逛菜市場、或許閱讀沉思，甚至幫自己的員工與家人辦個羽毛球大賽、機智問答大賽或電影欣賞會，還認真的頒給獎牌與獎金，大家一起嘻嘻哈哈，一起快樂的工作，一起玩樂。

對林若喬來說，她創的這個事業，不是一個汲汲營營的營利事業，而是一個可以經營自己的烹飪興趣，也經營自己與員工和家人感情的事業，這是一個充滿恬淡知足、卻又充滿主見與熱忱的創業。

父母教養　生活價值勝過數字

談起自己更重視生命品質與生活興趣，而不是對事業汲汲營營，林若喬想起自己求學往事。

出生在高雄市三民區，父親是職業軍人，母親是高中升學班導師，但在國中畢業那一年，母親主動拿了高餐五專部招生資料來跟喬說：「媽媽專帶升學班，知道讀書苦，如果妳不想過那樣的生活，媽媽支持妳讀這學校。」

也或許就是這樣的教養態度，讓喬一直以來就不是那種計較數字的小孩，而是一個更看重生活價值的人。

於是，沒有考慮多久，想到自己小時候是那種參加喜宴、會一直坐在餐桌上把每一道菜都細細品嚐的愛吃小孩，想想，覺得念廚藝似乎也不錯，就這樣考進高餐。

喬的義百種料理，是餐廳，也像是一個親密的小家庭。

若喬與父親兩人關係好。

喬的義百種料理，小小的店，很受歡迎。

正面看待每個實習單位

「我在校成績算不錯，所以實習挑單位時我是全班頭幾個挑的。」林若喬說：「我是高餐五專部第一屆，那時與五專部合作的實習單位不多，飯店更少，所以我挑的是籤王臺北君悅飯店。」

只是怎麼也沒想到，到了君悅，林若喬被分配到的實習單位竟然是員工餐廳。那時君悅員工大約八百人，林若喬每天的工作就是削馬鈴薯皮、切高麗菜、剖開苦瓜、含淚切洋蔥，然後站在大鍋爐邊幫廚師端菜洗鍋，拿著杓子站在餐檯前幫員工們打菜，早餐、中餐、晚餐、宵夜，別的實習生是在餐廳主廚指導下日日精進，她卻只能自憐自嘆明明選的是籤王，卻好像來到阿兵哥伙房當廚娘。

原以為只能天天含淚切洋蔥度此實習餘生，但沒料到的是，來吃飯的員工其實包含了飯店裡各餐廳主廚，那時的林若喬十八歲正青春，幾乎是全飯店年齡最小的員工，幫忙打菜時主廚們都愛跟她哈啦兩句，聊著聊著，居然人人歡迎她在員工餐廳忙碌之餘可以到各餐廳觀摩學習。就這樣，原本看似淒涼的軍隊伙房生涯，瞬間任督二脈被打通，半年實習期間讓她有機會到西餐、中餐、烘焙點心等各廚房見習，更意外的是，回到學校，才發現自己已經學會一身蔬果前置作業刀工。

這經歷讓林若喬開始懂得不要去抱怨分配到哪個實習單位，而是要在每個單

位中積極去發現並掌握其所擁有的資源，抱怨之後會只留下抱怨，但積極掌握後，它可能爲你帶來想都沒想過的意外收獲。也因此，回學校後林若喬主動找在大學部任教的陳寬定老師，主動爭取廚藝競賽訓練機會，並從此點燃自己對料理的熱情。

想做什麼　就去做！

也許是幸運之神的眷顧，五專學科成績不差，但廚藝實作不算突出的林若喬，畢業後卻很順利進入知名的臺中樂沐法式餐廳，而且只短短待在前置作業區一個禮拜後，就因人手職缺幸運被調到海鮮區，此後兩年都一直待在海鮮區，從助手、三廚、二廚、一廚，持續精進，打下精實的料理基礎與食材知識。

「那一年，在陳嵐舒主廚支持並撰寫推薦函

下，我離開樂沐，前往西班牙一家米其林三星餐廳實習。」林若喬說：「離開之前，陳嵐舒跟我說，人這一生，想做什麼，就去做！」

抱著這個想做什麼就去做的心情，林若喬待完西班牙三個月隨後又去智利二個月，沒有薪水，只有食宿，努力學習不同的料理手法與食材文化，學習廚房管理技巧，之後再到義大利佛羅倫斯廚藝職業學校學藝一年，並在回國之後，在父母支持下，開了這家「喬的義百種料理」。

不要忘記對烹飪的熱情

不論實習或工作，林若喬常聽有些廚師說：「這菜我熟到閉著眼睛也能做」。那時她心裡想的是「為什麼要讓自己變成這樣？」那不是熟練，而是一種為了生活的無奈與一成不變。

準備從義大利回來時，林若喬就開始思考，她要的是一家可以保持自己對烹飪的熱情，並能讓高雄人以平價方式品味精緻的歐陸料理，而非現成番茄、奶醬調製的義大利麵。

在沒有太多財力支撐的狀況下，喬的作法是從住家周邊開始找起，找到一間月租只要一萬元的老公寓，然後透過貸款與父母資助，花了六十多萬購買二手設備、簡單裝潢，

從街頭煮西餐開始，主要區分一號麵、二號飯，每週換一次菜單，除了自己臉書宣傳外，其他都靠口碑，就這樣一步一步，站穩到如今已成高雄三民區的排隊名店。

給學弟妹的一句話：

錢要賺，但別把數字看太重，人生更重要的，是要能夠開心。想做什麼，就去做！世間的人千百種，不一定要成為別人眼中的你，而是要做自己的你。

採訪後記　倔強與分享

採訪林若喬時，眼睛很燻，因為小小的餐廳空間中不停有從廚房傳來洋蔥的辣味，喬說：「一大袋二十公斤，我們通常兩天就用完一袋。」之後我進廚房拍照，小小空間裡，放眼望去到處都是洋蔥、南瓜、馬鈴薯與各項蔬菜，證實喬所說：「我們所有醬汁與高湯都用原食材慢慢熬，不用現成粉與醬。」而透過這樣紮實料理手法做出的燉飯與義大利麵，有著讓人欣喜的滋味，只是我一直很難相信，那一碗讓人舌尖充滿鮮甜多變滋味的南瓜湯真的只要五十元，而那充滿鯷魚與橄欖美妙滋味的 Tapas 只要八十元。她是真的用平價在跟大家分享她的用心。

最後在喬進入廚房忙碌、我收著相機準備結束採訪時，一直在店裡幫忙的林爸爸悄悄靠近，他說：「我們家若喬啊，很倔強。那一年她從義大利學廚藝回來後就跟我們討論說想開店，討論完隔天，我們還在為她想開店這事焦慮混亂時，就突然接到廚具公司打電話來說已經幫她找到她想要的那款餐車，我們這才知道她

是認真的，也才訝異她的行動力這麼強。」

林爸爸說：「我原本想的是，我要來店裡幫忙，協助她。結果四年多過去，現在的我是真心把她當成我的老師，每次看她認真挑食材，作料理，我都覺得我從她身上學到好多。而且每逢年節或她生日，都好多客人送禮來給她，她是真的用真心在跟客人互動。」

林爸爸用「倔強」二字開頭，其實他心裡真正想的是要趁這機會對記者推銷他們家的若喬有多麼認真。其實他不用推銷，我看到了，客人也都看到了，確實若喬是個對事物充滿熱忱且樂於分享的人，那個熱忱與善意，我猜，應該有一大部分來自於豐沛的父母之愛。這是讓人羨慕的。

喬的
義百種料理
ciao chiao table

專一

呷義義大利麵館

鄭家豪

臺南最好的義大利麵

青檸蒜辣鯷魚全麥義大利麵

前言

「我的廚藝基礎主要奠基於高雄餐旅學院，在法樂琪實習時開始綻放，就業之後曾連續多年帶著學生四處征戰參加廚藝比賽，我會的菜色非常多樣。」鄭家豪說：「但這幾年我非常專一，全心全意只把眼睛緊緊盯著義大利，用心把義大利麵做到最好。」

INDEX

呷義義大利麵館

地址：臺南市北區臨安路二段213號

電話：06-2598676

網址：QR Code

營業時間：11:00-14:00，17:00-21:00；不定期公休

鄭家豪　小檔案

出生：一九八〇年

學歷：臺南高農畜牧獸醫科（現今臺南大學附中），國立高雄餐旅大學二專西餐廚藝科、二技西餐廚藝系畢

實習：臺北法樂琪（本店）、La Pasta 義麵屋

獎項：一九九八高雄市勞動部技能競賽第一名、二〇〇六 FHC 北京烹飪藝術大賽金牌～Beef Cooking-Gold、二〇〇六 FHC 北京烹飪藝術大賽銅牌～Salmon Cooking-Bronze、二〇〇六臺北中華美食展廚藝競賽～國內賽職業廚師組 - 銅鼎獎、二〇〇七年屏東熱帶農業博覽會～創意花果美食大賽冠軍、二〇〇七第一屆臺北廚王爭霸賽職業團體組季軍、二〇〇八臺灣美食展國內廚藝競賽職業廚師組銅鼎獎、二〇〇九臺灣美食展國內廚藝競賽職業廚師組金鼎獎

證照：丙級中餐烹調技術士、丙級西餐烹飪技術士、乙級中餐烹飪技術士

經歷：法樂琪西餐廳、La Pasta 義麵屋、同德家商餐飲管理科專任教師兼任實習組長、產業人才投資方案「西餐烹調丙級訓練班」術科授課講師

創業：呷義義大利麵館，二〇一二年至今，客單價三百元

對喜歡臺南旅遊的外地遊客來說，呷義義大利麵館的位置讓人很陌生。它不在多數遊客熟悉的安平區，也不在孔廟、國華街這些重要景點與小吃集中的中西區。它位在臺南蛋黃區外緣，面對寬廣大馬路，平常街

道兩旁步行人潮不多，周邊建物大多是住宅，然而一到中午用餐時段，進進出出的人潮幾乎沒斷過，把一個小小的空間擠得熱情十足。

「來呷義用餐的，幾乎都是臺南本地人，其中九成都是回頭客。」鄭家豪說，要讓顧客回頭，有一個很重要的因素，就是味道不能飄。要讓味道不飄，除了食材的穩定之外，最重要是廚師的穩定。「當初創業時，我要抓那味道，沒有什麼捷徑，就是一直試、一直試、一直試、一直試，就像我當年在法樂琪削馬鈴薯，就是一直削、一直削、一直削、一直削。」除了自己之外，廚師也是，目前呷義店內的廚師是鄭家豪的高餐學弟，剛來時也是每天不停練習不同口味的義大利麵，直到味道穩定，「甚至直到現在，我們每天的員工餐，也是我們自己煮的義大利麵。」

「專一，非常重要。」呷義剛開店時，曾經鄭家豪爲了吸引不同族群客人，也爲了展現廚藝，因此菜單相當複雜，除了義大利麵也賣許多排餐，原以爲靠著廚藝、高CP值與優美擺盤可以吸引許多客人，沒想到的是因爲排餐總讓客人等太久，結果開幕蜜月期一過就幾乎撐不下去，直到後來放棄排餐，只專心做好義大利麵，這才生意逐漸穩定，進而奠定呷義在臺南義大利麵圈的霸主地位。

呷義的菜色看似簡單，但滋味很有層次。

擅長多樣料理，但鄭家豪現在只專心做義大利麵。

從草藥到菜刀

鄭家豪來自家傳五代的臺南中藥行家庭，高中唸的是畜牧獸醫，念書時聽朋友說高雄有間學校叫「高餐」，他們會在學生畢業前帶大家前往歐洲旅行，「我被可以到歐洲旅遊這句話吸引，就這樣糊里糊塗考進高餐二專。」

二專一開始，讀得似懂非懂，主要在於當時臺灣對西方餐飲還很陌生，很多教材、名詞、技法都不完備，跟現實生活很脫節，直到二年級上學期進入臺北知名的法樂琪法式料理餐廳實習，這才突然開竅，從此就再也回不到畜牧、獸醫或中藥，全心全意投入西餐料理。

「不過，早年唸畜牧與懂醫理藥理，眞的對餐飲有幫助。例如那時畜牧系老師常常示範如何運用針灸與中藥照顧經濟動物，協助我們瞭解動物的生理構造與認識肉品。」鄭家豪說：「後來我到廚房殺魚也不像一般廚師用冰鎮或敲昏，而是懂得如何活締，直接讓魚腦死並破壞中樞神經，不只魚少痛苦、速度更快，肉質也更好，對於豬牛雞肉的分切，我也因為讀過畜牧與獸醫，更懂如何讓刀在筋骨間遊走。」

臺灣法餐起步　人生眼界大開

到法樂琪實習那一年，正好是臺灣法式料理興起的年代，鄭家豪說：「那時一個八十座席的餐廳廚房員工僅有八人，常常我一個空班就要負責殺一百條魚或修五十條菲力，經常白天七點進廚房，一路沒有歇息的忙到晚上十一點才下班。」那時沒有勞基法，沒有勞權意識，也沒有加班費這種事，每天睜開眼睛就是工作，「我那時其實很怨自己幹嘛選這餐廳來實習。但後來我當老師帶學生，就深深理解慈母多敗兒、嚴師出高徒這句話。我現在閉著眼睛都能把馬鈴薯削出漂亮的酒桶型，很多學徒要削一個小時的馬鈴薯我十分鐘就削完了，就是那時打下的基礎。」人有時候，眞的要逼，眞的要操，技術才能有所增長，「但那時是眞的太累了」。

實習那時每個月只領基本工資一萬八千元，每個月要繳一萬五千五百元回學校當畢業旅行基金，雖然辛苦但帶來許多大開眼界的機會。那時法樂琪是臺灣最指標餐廳之一，當時會在電視上出現的政商名流幾乎都曾造訪法樂琪，「我常跟我現在員工說，幾乎你們聽

過的總統跟行政院長，都吃過我削的馬鈴薯，嚐過我煮的菜。」鄭家豪說：「那時我們也常到陽明山，在豪宅泳池畔幫忙外燴，或他們會搭直升機到大廈頂樓後下來吃，許多小說電影中才會出現的富豪生活情景就真實在眼前上演。」

進入教職　廚藝征戰

退伍之後，鄭家豪進入南投同德家商擔任技術講師，一年半後就升任餐飲科主任，隨後接任實習組長，並多次組成教職員團隊與學生團隊進入美食展參與廚藝競賽，成績最好的一次還跟宜蘭渡小月廚師組成的團隊爭奪冠亞軍，雖然最後得到亞軍，但能跟臺灣名廚們分庭抗禮，加上媒體許多報導，對於同德家商全體師生而言都備感榮耀。

從當學生到成爲教師，這些年來鄭家豪拿過勞動部技能競賽第一名，也曾在歷屆美食展中與教職員師生們共同奪下兩銅一銀，「但我創業後，這些獎牌我從沒拿出來過，很少在客人面前談過，因爲我要給客人的不是這些紙上的東西，而是我經歷過這些競賽後所磨練出的紮實技術，並化成食物讓他們在口中眞實去感受。」

回鄉創業　定位不明跌一跤

在同德教學十分得心應手，但因父親健康因素，二〇一二年間鄭家豪決定與擔任英文老師的太太一起回

到臺南家鄉，並因希望能有更多可自由調配的時間陪小孩，因此放棄許多工作邀約，專心籌備創業。

由於曾在臺北著名的 La Pasta 義麵屋實習與工作，鄭家豪對於義大利麵有一定的技術水平，也對義大利麵的食材、成本、經營管理有一定的概念，因此創業時就以義大利麵爲基礎，加上擅長的排餐，地點則在四處查找合適空間與租金價位後，選在臺南市北區這個位於市中心邊緣，當時還頗偏僻的北區，並將目標客群鎖定在臺南在地居民，且主要以餐廳後方的住宅區居民爲主。

鄭家豪一開始把義大利麵價格訂在二、三百元，排餐價格也差不多，並請了六位員工。原以爲自己實力堅強且用心處理排餐，應該會很有口碑，沒想到的是剛開幕的親友團與嚐鮮客過後，生意瞬間落到每天只賺一千多元，推究原因後發現是用心製作且價格不高的排餐，對客人而言的最強烈感覺竟然不是高ＣＰ值，而是「等太久」。

專心只做義大利麵

但這問題無解，畢竟曾經參加過那麼多比賽，曾經是學校教師，鄭家豪對排餐有一定要求，基本上都是買原食材自己製作，這讓顧客動輒等待半小時以上，加上那時食材原物料成本正在高漲，左思右想，於是全面放棄排餐，從此專攻義大利麵。這個決定，一開始流失了一些爲排餐而來的客人，但很快吸引了更多爲義大利麵而來的客人，並就此逐漸確立「呷義」在臺南的義大利麵界地位。

走進現在的呷義，廚房不大，餐廳裝潢簡單，最醒目的也只有牆面上有不少幅自己拍的餐點照片，但其口味深受好評，包含目前義大利麵第一品牌Barilla的臺灣代理商協憶有限公司老闆也都曾到呷義並給予讚賞。

沒有排餐，也不掛出獎章，全心全意只作義大利麵，專一，讓許多臺南人都說：「這是我們臺南最好吃的義大利麵。」

給學弟妹的一句話：

要準備一筆隨時可能會消失的錢。創業過程，總有太多預想不到的狀況，沒有多準備一筆預備金，有時遇到難關會很難捱。愈充裕的資金，就能離自己期待中的餐館更近，盡可能自己趁年輕多存錢，不要過度依賴貸款。

採訪後記　真功夫不用掛在嘴上

採訪這一天，我請鄭家豪作兩盤他擅長的義大利麵讓我拍照與試味道，第一盤端出來是「粉紅醬鮮蝦義大利麵」，嗯，可以，蝦鮮、醬香濃，很有臺北義麵屋的味道。第二盤「窮人的義大利麵」端上來時，不像很多臺版義大利麵上頭會有很多蛤蠣、鮮蝦或墨魚等配料，而是乾乾淨淨，只有橄欖油加上蒜片與辣椒清炒，等上桌前灑一點切成細長條狀的辣椒絲，結果這麵一入口，那麵體的咬勁，還有愈嚼愈散發的小麥與橄欖油香氣，讓人吃到幾乎停不下來，它很簡單，很「窮人」，但卻回味無窮。

我極少在臺南吃義大利麵，沒法跟臺南其他店家比較，但這盤就算拿到臺北跟北部的義大利麵名店相比也是豪不遜色，難怪用餐時段這裡總是人潮滿滿。

鄭家豪說：「我要給客人的不是紙上的東西，而是他們吃進嘴裡的真實感受。」

我感受到了！

TALIA
Cheng

燕麥學院

站上巨人的肩膀

楊舜丞、司恩彰

燕麥學院特別挑選在健身工廠旁開店，精準掌握客群。

前言

楊舜丞與司恩彰兩位高餐旅運管理系的同班同學，畢業後各自投入職場，一位進入銀行與科技業看到了趨勢，一位深入廚房掌握了廚藝，到了三十歲兩人攜手合作開了燕麥學院，結果不只精準掌握到健身潮流，創造全新營養美味，更讓許多臺南人因此愛上燕麥，第二家分店也即將開張。

INDEX

燕麥學院

地址：臺南市東區中華東路二段185巷6號

電話：06-2901990

網址：QR Code

營業時間：週一到六10:30-14:30，16:30-20:00；週日公休

楊舜丞（右）與司恩彰，兩人從學生時代就開始合作，有深厚感情。

楊舜丞　小檔案

出生：一九八八年
學歷：臺南大學附中餐飲科，國立高雄餐旅大學旅運管理系、觀光研究所畢
證照：中餐丙級
經歷：臺南遠東飯店、Ten Lifestyle Group、臺北美國運通禮賓部、律勝科技
創業：燕麥學院（二〇一八年九月至今），客單價一百五十元

司恩彰　小檔案

出生：一九八八年
學歷：高中汽車科，國立高雄餐旅大學旅運管理系畢
證照：西餐丙級
經歷：山林鳥日子
創業：燕麥學院（二〇一八年九月至今）

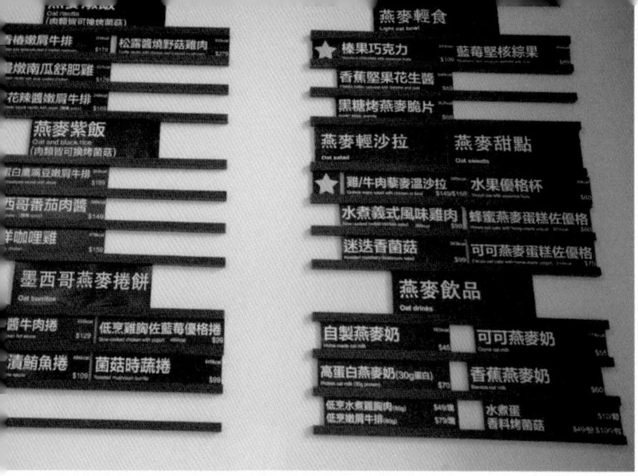

燕麥學院把印象中健康但不好吃的燕麥，轉化為美食印象。

燕麥學院所有菜色，都有精準的熱量計算。

燕麥學院除了提供餐飲，也提供包裝簡約的燕麥商品。

「燕麥學院」創始店位於臺南市中華東路二段一家「健身工廠」旁，店名與地理位址就很清楚傳遞它的客群目標與主題：「這是一家以燕麥爲主食，以營養成分跟熱量計算爲基礎，專門供應給熱愛健身客人的餐飲店。」

臺灣人對燕麥這食物既熟悉又陌生。燕麥廣告隨處可見，所有人都清楚知道它適合當早餐、它可以沖泡、可以加入鮮奶，喝起來滑順香濃營養豐富；然而只要細細追問，燕麥植株長什麼樣？原產地在哪？生長季節爲何？它跟麥片、大麥、小麥的差別在哪？爲什麼有的燕麥看起來圓，有的看起來扁扁一片？只要細問就會發現，其實大家都對燕麥好陌生。

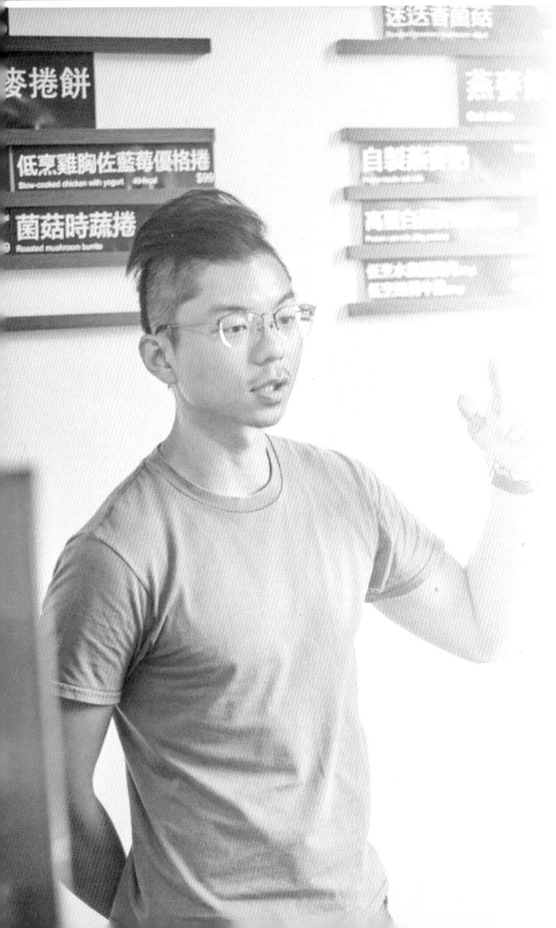

「所以當我們開始推出以燕麥爲主食的餐點時，遇到的也是一樣的問題。」楊舜丞說，燕麥這食物不用解釋，大家都知道，但大家也都會想，那不是早餐吃的嗎？可以當成中餐跟晚餐嗎？

然而，目標客群十分清楚，這些健身愛好者很快接受以燕麥當主食。白飯成分主要是澱粉，香又甜，而燕麥富含膳食纖維，原始燕麥它沒有早餐燕麥片的那種甜膩，而是簡單清爽穀物香，用它來製作燉飯、食材搭配，每一口都很有滋味，整體的食物組成，包含膳食纖維、碳水化合物、蛋白質、維生素、礦物質以及飽足感，都更適合熱愛健身運動者，因此推出後完全打中臺灣正興起的健身潮流與養生風潮，迅速累積眾多常客。

一開始燕麥學院鎖定健身者外帶市場爲主，但現在不只健身者外帶多，還吸引了許多銀髮與養生族群來內用，經常把一個小小店面擠得滿滿。「我們已經在籌備中央廚房與第二家店，第二家店，或許會以內用爲主。」

楊舜丞 跟著嚴長壽前進的人生

Ryan 楊舜丞出生於臺南，在臺南大學附中餐飲科即將畢業前，有天讀到嚴長壽的《總裁獅子心》，看完之後深受感動，因此決定讓自己轉向旅遊，想要仿照嚴長壽從美國運通公司開始的職場人生軌跡。

進入高餐後一路唸到研究所，就學期間曾陸續於臺南遠東飯店等地打過工，畢業後前往澳洲的花旗銀行信用卡部協助 VIP 客人規劃旅遊服務，大約一年後終於等到一個機會可以進入嚴長壽曾經待過的美國運通，因此毫不猶豫從澳洲回到臺灣。那時美國運通規定每位禮賓部門員工要有不同的姓氏以方便客戶辨識，當時公司已有其他楊姓員工，所以楊舜丞毫不猶豫讓自己的英文姓氏改成嚴。採訪這一天，Ryan YAN 開心的說：「沒有錯，我就嚴長壽的鐵粉。」

「在澳洲與在美國運通服務期間，我常常都在思考到底自己喜歡什麼、擅長什麼，結論是我真的很喜歡從事業務工作與人互動，也非常喜歡商業策略分析」，楊舜丞說：「創業的種子大概就從此時開始在心中萌芽。」

決定從餐飲轉旅遊、決定從澳洲回國，許多生命軌跡都能看見楊舜丞性格充滿行動力。因此，創業種子萌芽後沒多久，他就辭掉美國運通工作，前往幾家親子餐廳與義大利麵餐廳打工以累積餐飲業經營知識，然後進入一家科技公司擔任業務並學習市場趨勢分析技能，最後，明確鎖定運動健身風潮，開始積極籌備燕麥學院，並很快找上合夥人司恩彰。

司恩彰　願意陪著楊舜丞前進的人生

Wayne 司恩彰是楊舜丞高餐大學旅運系的同班同學，大四那一年，司恩彰想去加油站打工賺錢，楊舜丞告訴他：「同樣是打工，爲什麼不去可以幫自己累積職能的地方打工呢？我在一家義大利餐廳廚房打工，你要不要一起來？」

司恩彰高中唸的是汽車科，對餐飲毫無概念，但心想楊舜丞這建議聽起來很不錯，於是兩人白天是同學，假日打工是同事，從此成爲人生好友。司恩彰笑著說：「我們好到常常被懷疑是不是一對。」

那年畢業後，楊舜丞繼續念研究所然後去澳洲與美國運通，司恩彰則是進入餐飲業，當過兩家餐廳主廚。「楊舜丞來找我那一年，我人在苗栗山林鳥日子的私人招待所擔任 VIP 接待經理，我工作非常順利，待遇很好，也看得到願景，於是我拒絕了他。」司恩彰笑著說：「但我沒想到，他之後每隔一兩個禮拜就從臺南北上來找我，遠遠不只三顧茅廬，我本來就很信任他，於是又被他說服。」

於是，年輕時的同學兼打工同事，在分隔近十年後又再相聚，這些年下來，楊舜丞在市場趨勢、商業策略規劃、業務與顧客服務等方面有著豐厚知識與人脈，司恩彰則是在餐飲廚藝與健身方面有著豐富經驗，因此，燕麥學院一開，兩人分工幾乎不用討論，司恩彰專心負責內場把餐飲品質照顧好，楊舜丞則負責餐廳整體營運與市場拓展。

站上巨人的肩膀

「燕麥學院非常幸運，我們站上了巨人的肩膀。」楊舜丞說「燕麥」是一個帶有新鮮感，卻又完全不用去打知名度的食材，多年下來，國際連鎖的食品公司早已把燕麥的健康印象深深打入人心。「健身」則是一個正在快速擴大的市場，包含已經股票上市的健身工廠、常有藝人代言的World Gym，加上7-11也開始投入健身事業，眾多的集團正努力把健身市場的餅作大，「燕麥學院就同時站上這兩位巨人的肩膀。」

在燕麥學院創立之前，還沒有人想過可以把燕麥當主食。事實上，燕麥主要可區分三種形態，第一是穀物原本的橢圓形，第二是市場上常見的扁平型，第三種就是磨成粉。以營養價值來說，當然是穀物原型最佳，但燕麥要煮透通常需要很長時間的悶蒸，壓扁後的扁平狀則大約五、六分鐘即可。燕

蔬果多彩的美食。都以健康的燕麥當基底。

燕麥學員團隊成員都年輕且愛健身。

麥學院的作法是各種形態都使用，並將穀物原型燕麥分別製作成五穀飯與燉飯兩種形態，因爲口感極佳且比米飯更適合健身者，推出後就大受歡迎。

精準鎖定客群目標

燕麥學院從一開始就非常清楚自己的客源目標就是喜愛健身運動的人，因此在選擇地點時直接就往健身房的周邊找。不過，雖然是站在巨人肩膀，但要如何讓大家知道燕麥可以當主食這件事，實際上仍有困難。

一開始沒有知名度，燕麥學院的行銷方式是用少少預算

投放到網路，後來發現根本沒用，因爲三個月過去生意逐漸好轉後，燕麥學院發現會來的常客員的就是當初設定喜愛健身運動的那群人，完全沒有偏差，而與其到網路針對不特定族群宣傳，爲什麼不好好針對正確客群去行銷？所以從那之後，燕麥學院的行銷手法就是主動拜訪臺南地區每一家健身房，然後把原本的行銷預算拿來邀請健身教練到餐廳裡用餐，或透過Line官方帳號等社群媒體針對目標客群邀請試吃，正確行銷之後，果然消費族群快速擴大。

創業短短一年後，燕麥學院目前一天約可賣出二百份，客單價約一百五十到二百元，平均單日營業額約一點五萬到兩萬元，員工數已成長到八人，並持續快速發展中。其成功的秘訣十分清楚，就是精準的看到市場趨勢、精準的鎖定目標客群並針對這些客群行銷，當然最重要，還是要維持一定的食物與服務品質。

由於經營模式成功，目前燕麥學院已經籌劃開設第二家店，但目標不是要把品牌作大，因爲市場上其實已有夠多的健康養生餐廳，而最後都淪於價格的惡性競爭。楊舜丞說：「我們想做的，是想把食材的供給端、產品的生產端，還有中間的消費者串連在一起，讓食材找得到適合的受眾，讓消費者找得到好食材。」

就在多數人都還很難把共享經濟跟區塊鏈這些名詞的概念講得很清楚時，燕麥學院已經開始運用這些概念進行發展。讓人彷彿看見一個無限寬廣的市場，正在燕麥學院裡開始擴張。

給學弟妹的一句話：

現在市場變化非常快，要創業，建議用最低成本的方式去測試市場，去找出自己的利基點，不要一開始就作太大投資。

採訪後記　陽光般的友情

採訪燕麥學院的楊舜丞與司恩彰是一個很愉快的經驗。

楊舜丞是個思考型的人，跟他談話，你可以發現他早就把很多事情都想得很清楚，然後用很精簡的話講出來，採訪起來不拖泥帶水，需要的答案的都清清楚楚擺在眼前。燕麥學院可以快速在創業三個月後就很穩定，創業一年就計畫開分店，這些應該都與楊舜丞能抓到趨勢，精準做出商業策略分析有關。

司恩彰則是一個陽光型的人，跟他談話，天南地北四通八達，每一條路都很直接。所以我也很直接的問他：「你們兩人合夥，完全沒有簽合約，沒有清楚談分工，會不會有一天，你們事業大了，各自有了老婆小孩有了家庭要照顧，因此有了分工或分潤的問題？進而影響到友情？」

Wayne 很直接，他笑著說：「不會，因為我喜歡流浪，喜歡走路，喜歡健身，如果不愉快時，我就走了，而且我有個有錢老婆啊，哈哈！其實我們兩個都不那麼在乎錢，至今沒有為這事有過爭吵。」

這一天，採訪結束前，我問 Ryan：「你那麼愛嚴長壽，跟著他從美國運通那條路開始走，但現在你有了自己的道路，你覺得自己跟嚴總裁更近了？還是遠了？」Ryan 毫無猶豫的說：「更近了！因為現在我都能把每一個想法內化，能把很多事情看得透徹，分析得更清楚，這才是更貼近嚴總裁的方式。」

一個很懂趨勢，一個十分樂觀，他們的友情，他們工作時的和諧狀態，讓人感覺充滿了陽光。

態度

隨處樂料理廚房

讓自己成爲値得投資的人

鍾政霖

前言

二十七歲這一年，鍾政霖受到承億文旅集團戴董事長信任，因此鼓勵他自創公司並將承億文旅的廚房外包交由其負責。如何能在年紀輕輕二十七歲就被如此信任，鍾政霖說：「態度，很重要。」

INDEX

隨處樂料理廚房

地址：嘉義市東區忠孝路516號（承億文旅桃城茶樣子1F）

電話：05-2718528

網址：QR Code

營業時間：11:30-14:00，17:30-21:00

週三11:30-14:00

鍾政霖 小檔案

出生：一九九一年

學歷：高雄樹德家商餐飲科、臺北喬治高職餐飲科，國立高雄餐旅大學西餐廚藝系畢

實習：臺北花園酒店六國西餐廳

證照：中餐丙級、西餐丙級、烘焙丙級、Haccp-60A及Haccp-60B

經歷：臺北花園酒店、松露之家、承億文旅

創業：隨處樂料理廚房（二〇一八年九月至今）客單價七百元

位於嘉義市區的「承億文旅・桃城茶樣子」是全臺首家以茶為主題的文創旅店。走進外觀宛如早年茶葉箱子堆疊的白色建築中，呈現眼前是一個充滿茶韻的寬廣大廳，四周牆上隨處可見茶葉與茶具元素，它訴說的，是清朝時期的嘉義古城形狀如蜜桃因此得名「桃城」，加上後期阿里山茶名號響徹國際，那由歷史與產業交匯出的優美模樣。

「隨處樂料理廚房」就位於這棟承億文旅桃城茶樣子一樓，三十多坪大的空間裡，原木色澤為主的裝潢加上大片窗戶，顯得樸實穩重卻又明亮。這裡本來是飯店附設的餐廳，但在二〇一八年九月後它改以一種全新型態經營，不再直接隸屬飯店管理，而是整個外包交由鍾政霖開設的「隨處樂料理廚房」公司經營，由隨處樂負責房客的早餐，也同時在中餐與晚餐時段供應較為精緻的西餐料理，讓隨處樂成為嘉義地區少數可提供較精緻餐飲的西餐廳。

它打破了傳統嘉義美食印象只是雞肉飯、沙鍋魚頭、牛雜湯、米糕等等，而是供應了法式烤雞、伊比利火腿、勃根地紅酒燉牛、櫻桃鴨胸、油封鴨腿、松露燉飯、肋眼牛排等歐陸經典菜色，甚至廚房裡還有著嘉義地區比較少見的舒肥機。更特別的是，廚師都是高餐科班出身，主廚鍾政霖更曾經在臺北花園酒店 Prime One 牛排館擔任副主廚，他在職那年也正是 Prime One 牛排館獲得米其林餐盤推薦那一年。

在鍾政霖的餐飲專業與年輕思維導入下，「隨處樂料理廚房」逐漸成為嘉義地區商務聚餐與西餐宴客主要餐廳之一，且不只在地客人，也有不少住宿客人不一定前往夜市吃雞肉飯，而是選擇留在飯店靜靜品味櫻桃鴨胸，再到飯店樓頂的無邊際泳池與露天酒吧區，感受近距離欣賞嘉義城市夜景之美。

鍾政霖說：「食物是文化的傳遞，也是各種歡聚時光的最佳觸媒。」隨處樂料理廚房不像嘉義小吃雞肉飯、

承億文旅桃城茶樣子，有著濃濃臺灣茶與阿里山風味。

隨處樂的空間設計簡單，但簡潔明亮。

沙鍋魚頭那般明確傳遞在地農漁產業滋味，但它提供的，是讓嘉義在地人可以更輕易的與西方飲食文化接軌，「更重要是，我們提供了一個以美食架構而成的歡聚時光，讓他們的情人約會、家庭聚餐、友人相聚，都有了更多的歡樂。」

出生教師世家的廚師

「念高中的時候，我的人生目標是開一家炸豬排店。」鍾政霖說：「我爸爸、爺爺與眾多親戚都是老師、律師或醫師，但我從小就對廚房感興趣。」國中十四歲那一年暑假，媽媽看鍾政霖既然對廚房這麼感興趣，於是把他送到高雄大統百貨美食街的豬排店打工，十四歲的童工，當然備受關愛，每當忙碌過後，阿姨都會炸片豬排給他，「那時我就暗暗決定，未來要開一家自己的豬排店。」

國中畢業後，鍾政霖進入住家附近的高雄樹德家商餐飲科，很快又因父母工作關係一起搬到臺北，改爲就讀喬治工商餐飲科，並在畢業後順利進入高餐西廚系，走上一條與家人完全不同的廚師道路。

與生俱來的創業基因

當然，直到現在，鍾政霖還沒開自己的豬排店，但在大四那年，就已經開始在高餐附近擺攤賣鹹酥雞。

「也許是與生俱來的創業基因吧！」鍾政霖從小學開始就對做生意充滿興趣，小學三年級還不到十歲，那時媽媽每天給他二十元買早餐，但他都把錢存起來，等存到一個數字就去買雜貨店的五角抽來做同學生意，「等到學期末，我賺了五百多元，我媽看了嚇一大跳，我都說，那是我人生的第一桶金。」

大三那一年到臺北花園酒店實習，除了奠定廚藝實作基礎外也努力把薪水存下來，大四回到學校後，鍾政霖創業魂再度

隨處樂設有獨立包廂空間，也可供會議使用。

發揮，把多年來打工、代購，還有實習時存下的薪水合計二十萬全部拿出來買了鹹酥雞攤車與各項設備，然後白天上課，下了課就回租屋處準備食材，等傍晚後就開始擺攤賣鹹酥雞。當時一起賣鹹酥雞的，還有高餐同班同學盧穎合，她是鍾政霖當時的女友，也是現在的老婆，兩人一起賣鹹酥雞，沒有選擇加盟店，而是去充實自己對食材的知識，自己嘗試摸索怎麼炸並找出自己的滋味。

或許正因用心創造屬於自己的滋味，鹹酥雞開業半年兩人賺了不少生活費，並因即將畢業，學業加重，而且盧穎合提醒：「要繼續嗎？如果未來一輩子都賣鹹酥雞，你會後悔嗎？」於是，鍾政霖點點頭，把攤車賣掉，把重心回到課業，並在畢業後回到臺北花園酒店、松露之家等比較符合高餐西廚系學生該走的廚藝路，並隨後被挖角到嘉義「承億文旅．桃城茶樣子」工作，並在此與他生命中的貴人，承億文旅集團董事長戴俊郎相識，開啓了現在的創業之路。

態度影響際遇

有些事情，從這個角度看是吃虧，但從另一個角度來看，卻可能

承億文旅桃城茶樣子大廳，風格簡約充滿設計感。

早些時候嘉義地區比較少見牛排舒肥作法，隨處樂引進後，大受歡迎。

是信任的基礎，端視自己面對事情的態度如何。二〇一六年在承億文旅集團擔任主廚的那段時間，就是鍾政霖打下被信任基礎的重要時期。

舉例來說，有一天鍾政霖排休假回高雄陪家人，在接近中午時突然接到董事長電話，表示當晚五點半臨時要招待一組重要客人，需要緊急籌備一場與餐廳平常菜色不同的高級晚宴。問題是，平常飯店中沒有預備董事長想要的高級晚宴食材，且當時已近中午，許多頂級食材店與菜市場都正準備休息，而且鍾政霖難得休假回高雄；許多廚師在面對這種狀況，多半會便宜行事或嘴中叨叨唸，但鍾政霖沒有，他十分配合的說好，接著立刻上網買好高雄到嘉義的車票，然後立即趕到市場透過各種關係與管道，終於找到晚宴需要的六尾活龍蝦與所需食材，然後立即飛奔車站趕回嘉義。

回到嘉義承億文旅時已下午三點半，此時廚房空班，所有廚師都外出休息，於是他就默默自己一個人開始切菜、熬高湯、殺魚、處理龍蝦、準備配菜，等到接

不只照顧自己與店面，也照顧員工，是鍾政霖的人生哲學。

近五點半客人即將抵達前，湯還在爐上滾，然後他趕緊抽空換上乾淨制服，等客人到達時，全身筆挺、一臉氣定神閒的站在餐廳迎接，然後優優雅雅的上菜，直到當晚老闆與客人賓主盡歡。

愈是有能力處理緊急狀況，就愈會被交代去面對緊急狀況，許多人會覺得是這是吃虧與不公平，但對鍾政霖而言，這代表了被信任，因此他從沒拒絕過這類的要求，也盡全力配合，更重要是在整個過程中，要讓老闆眼中看到的是「你這個人」而不是「這位員工」，在那過程必須有能力呈現自己的想法，讓老闆透過這些過程理解「你是什麼樣的人」。也正因爲這樣的工作態度與人際相處能力，讓他在離開承億文旅之後依舊與董事長保持著良好關係。

隨處樂誕生

二〇一八年鍾政霖在臺北花園酒店Prime One牛排館擔任副主廚，這一年，Prime One拿下米其林推薦餐盤榮耀。隨後鍾政霖趁休假到嘉義探訪朋友，也會見戴董事長，並在戴董事長的鼓勵支持下於二〇一八年九月正式創業。

目前鍾政霖與承億文旅的合作關係，是承億文旅計畫將集團旗下所有餐廳都變成年輕人舞臺，首家桃城茶樣子交由鍾政霖成立的「隨處樂料理廚房」承接，雙方採取合作關係，由承億文旅提供場地與基本設備，將所有餐飲交由隨處樂經營，再由隨處樂付給承億文旅租金。未來如果此模式合作順暢，包含淡水吹風、臺中鳥日子、嘉義商旅、墾丁雅客小半島，以及花蓮山知道等承億集團旗下飯店也將陸續跟進此模式。這樣的模式

鍾政霖做菜神情十分專注。

在飯店業中並不常見，因爲餐廳與飯店間的關係十分緊密，且名聲與形象會交互影響，如果沒有足夠的信任基礎與年輕的創意，不可能會產生這樣的合作模式。

從高餐畢業到創立隨處樂，期間不過短短五年時間，創業這年鍾政霖才二十七歲，創業至今才一年多，但這合作模式正邁向穩定與成熟。回想草創這段時期，鍾政霖最大感想在於財務。鍾政霖從學生時代就很有計畫的在經營個人財務與信用，創業時也做好了創業基金與貸款準備，但在審密規劃下仍不時會有突發狀況，例如試菜的成本不停拉升、冷凍庫意外故障的維修費用、超乎預期的行銷預算等等，最後要靠賣掉新車與多年下來珍藏的餐廚用具度過難關，且度過連續九個月沒有休假的日子。

隨著腳步站穩，隨處樂也正走向穩定發展的下一階段。

給學弟妹的一句話：

趁年輕時，好好審視自己未來五到十年的財務狀況，

肥嫩又酥脆的櫻桃鴨胸，是隨處樂招牌菜之一。

培養與銀行的信用關係，並思考如何把一部分金錢投資到能提昇自己的專業知能上。青春是前進最大本錢，是最有創意的階段，別錯過青春。

採訪後記　對上與下的態度

這一天走進約訪的會議室，坐在我對面的不像一位二十七歲的年輕廚師，反而像是一位外商投資公司的年輕創業家。鍾政霖是一個能把自己打扮得很好的人，得體的襯衫跟西裝，不過於老氣嚴肅卻又充滿精神。尤其是他談話時口條十分清晰，沒有囉囉唆唆的描述，而是精準把每個問題回答得有條有理，跟他交談，很容易理解

多樣醬料，帶來多層次的滋味。

為什麼會有董事長願意與他合作，就如他自己說的，「態度很重要」，而他自己確實就給人一種可以信任且積極的態度。

還有一點讓人印象深刻的，是他對員工的態度。隨處樂開幕沒多久後，就因為冷凍庫故障等意外狀況導致資金緊縮，但這時他在規劃行銷預算時，還是特別撥出一部分放到員工身上，如果員工願意帶家人到隨處樂來用餐，就會給予較大的優惠。他說：「如果一家店連自己員工都不肯來用餐，連員工家人都沒來過，如何說服人這是家不錯的餐廳。」

目前很多具規模的飯店，都每年會提撥預算，讓餐廳服務生免費享用高級套餐，或安排房務員到高級客房免費住一晚。透過這方式，除了是員工福利，更可以讓基層員工理解自己角色的重要性，進而提昇服務品質；隨處樂這作法，有異曲同工之妙，難得的是在剛創業資金較為難時，也沒忘記這點。

一個好的態度，不只是面對在上的態度，能對底下也有好態度，才是一個有價值的好態度。

種子

禾豐田食

等待發芽的時刻

宋苑柔

前言

禾豐田食這家店，料理的食材多是有機或產銷履歷，或直接從自然農法產地而來，美味與安全背後，宋苑柔更想傳遞的是怎麼友善對待土地。只是食材成本高、店太小，現在禾豐田食沒有賠錢，但也沒有賺錢，「我不知道可以走到哪，但我相信，我正在埋下種子。」

INDEX

禾豐田食（預約制）

地址：臺中市西區模範街40巷12號

電話：0936-951685

網址：QR Code

營業時間：週五到一/12:00-14:30；17:30-20:30；週二到四公休

宋菀柔　小檔案

出生：一九八七年
學歷：臺中霧峰農工餐飲科，國立高雄餐旅大學餐飲管理系畢
實習：高雄漢來飯店
證照：中餐丙級、調酒丙級、烘焙類麵包丙級
經歷：五十嵐、高雄漢來飯店房務部、希臘秘密旅行
創業：禾豐田食，二〇一四年至今，客單價約三百九十元

臺中市模範街，是一個過去與現在緊密相連的地帶。它距離臺灣大道、草悟道與科博館都不太遠，但穿梭期間不時可見日據時代或光復初期的歷史老宅，它們就在快速變幻的城市間以自己原有的姿態安安靜靜的存在，沒有汲汲營營，沒有敲鑼打鼓，也沒有追趕流行，那個姿態，就跟禾豐田食主人宋菀柔的姿態差不多。

禾豐田食位在模範街上一棟已經數十年歷史的日式老宅中，有自己的小小庭院，種了幾株南天竹與月桃，滑開木門，裡頭只有少少三、四張桌子，以及一張親切笑臉。

這張笑臉的主人是宋菀柔，一個因為機緣接觸了自然農法，接觸了《這一生，至少當一次傻瓜》電影並深被感動的女孩，從此讓自己人生轉彎走進農地，食材不再從一般菜市場或超市來，而是到處尋訪用心對待土地與食材的農家，直接跟這些農夫採購，再把他們的用心加以烹調成為禾豐田食餐桌上佳餚。

面對認真生活的宋菀柔總是笑臉迎人。

創業種子開始萌芽

宋菀柔是臺中人，從小就會跟爸爸一起下廚，很小就立志長大後要讀餐飲，國中畢業後進入霧峰農工餐飲科，畢業後不捨讓爸媽持續爲自己負擔學的雜費，因此報考高餐時選擇夜間部，方便白天上班賺錢。

剛到高餐，大一那一年的白天在五十嵐打工，除了賺錢也趁機認識臺灣正流行的手搖茶飲文化；大二時決定前往漢來飯店學習房務以提昇自己在餐旅方面的專業職能，面試那天會談結束後，突然巧遇有位常到五十嵐買茶的常客，宋菀柔說：「紅茶拿鐵對嗎？」這位也在漢來工作的常客笑了笑說：「妳都記得住！」之後宋菀柔順利被錄取，很快就有了新朋友，愉快工作。

晚上上課，白天在漢來房務部工作，生命不只餐飲，也拓展到旅宿，而且表現優異，很快成爲正式員工。畢業之後，宋菀柔決定回到臺中家鄉，並找了一家餐廳「希臘秘密旅行」工作，在這個軟硬體與菜色都盡可能模擬希臘的餐廳中，創業種子開始在她心中萌芽。「我在這餐廳待了三年半，觀察它們從座位設計、餐具、水杯、餐墊、菜色與服務態度處處都有創意，我就不停心想，如果我能有一家自己的店，我會怎麼做？」

之後，宋菀柔離開「希臘秘密旅行」，進入一家甜點店擔任甜點師兼店長，在此學到經營一家店該有的能力，並於二〇一四年正式開啓自己的禾豐田食。

遇見自然農法　以餐廳當橋樑

「之前賣甜點時，廚房常會加泡打粉、乳化劑、增稠劑等添加物與色素，後來我發現其實只要在原物料上更用心挑選或稍微調整一下配方，就可以完全避免這些添加物。」所以，在開設禾豐田食時，宋菀柔就打定主意要開一家不用添加物且以有機食材爲主的餐廳。取名「禾豐田食」就意指店裡賣的是從田地出發，以稻禾米食爲主的家常菜。

「或許是地點選得好且時機正確。」宋菀柔說，最早禾豐田食開在美術館附近，那裡是臺中餐飲店一級戰區，小小區域就匯集了五、六十家餐廳，其中提供有機餐飲的店家極少，禾豐田食剛好補上這缺口，加上客單價落在三百九十元上下，比當時美術館周邊消費動輒五、六百元以上平價許多，因此生意相當不錯，口碑快速拓展。

很快的，一群主婦聯盟成員聞風而來，透過他們介紹，宋菀柔開始深入接觸農業，

禾豐田食空間有著濃濃木頭氣味。

並因此對秀明自然農法產生濃厚興趣，隨著認識愈來愈多的農夫，這條路，就開始愈走愈深、愈走愈廣。「對我來說，禾豐田食就是一座橋樑，它是用來連結農夫與消費者之間的橋樑。」這座橋樑，不是水泥橋固定在那裡，而是跟著二十四節氣不停晃動。不變的是，在這座橋上再也看不到半成品調味料，不管美乃滋、胡麻醬，所有上桌的食物與調味，都是宋菀柔從原食材自己手動製作而成。

拋棄框架　為你做飯

最早開始，宋菀柔緊緊抱著有機或堅守著自然農法，但這幾年下來，禾豐田食已不再刻意強調這些，盡可能拋棄所有框架。「上班要打卡，開會要穿西裝或踩高跟鞋，人生的制度與規矩已經夠多，爲什麼連飲食都要給自己那麼多框架？」

從二〇一九年初搬到模範街新址後，宋菀柔不

一碗簡單的飯，都有著許多的用心與挑選。

再強調有機，「對我來說，現在的我挑選食材時已有一個嚴格標準在那裡，不再需要特別去強調，也不再特別想要去講食材故事，最重要是那個心情。那是我今天非常開心我們相遇，因此我願意好好爲你做頓飯的那個心情。」透過這個心情，禾豐田食因此走出了自己的風格，用「家常菜」吸引了許多常客，特別這些年來，吸引許多孕婦、食物過敏者、重病後復原中的客人等等族群，「原本只是理念，結果卻意外爲有需要的人提供了他們的需求。」

除了餐食外，禾豐田食也支持各種友善土地產品，協助小農銷售多樣的果醬、茶飲、醋、蔬果……，也代銷無包裝手工皂、洗潔精等等，認眞扮演橋樑角色，認眞過著毫無框架與束縛的自在生活。

沒有框架，滋味更多彩。

過自己的自在生活

禾豐田食最獨特的，就是很多人說它「很愛休假」。很多餐廳每週只休一天，最多週休二日，甚至全年無休的餐廳也很常見，但禾豐田食一個禮拜休三天，每週二、三、四都休息，每個禮拜五到禮拜一也只營業中午跟晚餐時間，而且必須預約，座位數又很少。宋菀柔說：「因為我要去農地跟找食材啊！」

宋菀柔花很多時間去看農地，花很多時間去學習土地的知識，更喜歡的，是去看農家媽媽或老奶奶的廚房，或許陪人家吃頓飯，或許看他們私藏的豆腐乳、老菜脯，那感覺既溫暖，又有點像神祕探險。

有趣的是，有時被他們邀請吃飯，他們都會說：「來啦！一起吃個飯，隨便煮。」那個隨便，其實蘊含了無數次的調味、經驗、周遭種植的作物，還有那每個家庭不同的氛圍與習

慣，每一家的家常菜都充滿了故事。「而我最想學的，就是這些不能被斷掉的、可以傳遞、可以回味，充滿了情感的家常菜。」

採訪這一天，端上桌的，是一碗日曬的阿罩霧（霧峰舊地名）益全香米，搭配一點蔬菜、一點炒牛蒡、一杯自然農法的遊採茶；主菜味噌豬肉與味噌湯則用了兩種味噌，其中「甜味噌」是用阿孝田裡收割的臺農七十一號益全香米，加上十甲有機農場臺南十號黃豆，以及洲南日曬海鹽製成；「紅味噌」則是莊正燈六香

營運餐廳就如經營人生，需要先好好充實自己做好準備。

田的桃園三號香米，加上花蓮純青有機農場花蓮一號黃豆，手釀後經過十四個月熟成，在裝瓶之前，都放置於會呼吸的土甕裡。

花了許許多多的時間跑農地，換來的，就是清清楚楚，明明白白的菜色與滋味，沒有死鹹，只有多層次的麴菌滋味變化與優雅回甘，還有那滑過口中的自在。

給學弟妹的一句話：

創業是一件有趣的事，通常開始之後它都會跟你預先想像的不一樣。多數人都在討論如何成功，很少人討論失敗，但不管成功失敗，請都要有試錯的勇氣，而且要記住，要掌握自己的人生，快樂或不快樂，都是自己可以選擇的。

簡單，就有無數好滋味。

採訪後記　值得被祝福

禾豐田食的空間不大，店小小，桌數也少，還每個禮拜休三天，這一天，採訪開始沒多久，我問宋菀柔：「賺得到錢嗎？」她笑著說：「沒有賠錢。然後，賺到一種非常愉悅的生活方式。」

到後來，當我們談到想給學弟妹什麼建議，她講著成功、失敗、試錯等等名詞時，突然眼淚就流了出來。我問她：「為什麼這麼觸動？」她說：「其實是真的有壓力了。從美術館附近搬到模範街，新址這邊空間少了一半，可容納客人變少，房租真的有壓力。」

宋菀柔說：「我覺得現在的我，就像很多自然農法的農夫，別人都會問他們到底在堅持什麼？但我很懂他們為什麼要堅持！我現在也是，我不知道可以走到哪裡，不知道可以帶來

禾豐田食優美的老建築，有著濃濃的閒情逸致。

什麼改變，但我相信，每一個改變，都有可能埋下一顆種子。但種子會在什麼時候發芽，我不曉得。」

「我過去就是很單純的知道我要上班、我要下班，但接觸過愈來愈多自然農法中的人後，現在的我知道我想做什麼，可以做什麼，我知道，我可以選擇任何一種我想要的生活方式，不需要有框架。」宋菀柔說：「儘管偶爾要面對他人質疑，但如果快樂滿分是十分，我總還是有九分以上。」

我看著宋菀柔，看著她從一開始高談理念的喜悅，到感受壓力時的落淚，再到最後堅定了自己的想法的自信笑容，我沒有開口，但我相信，如果一個人能夠堅定去過自己想要的人生，能自信面對自己的處境，就都值得被祝福，就都能夠突破困境。

踏實

鹽與胡椒餐館

總會被看見

黃佳瑋、劉軒檣

前言

唸高餐要實習那一年，黃佳瑋去四家飯店面試，統統沒上；退伍後去隨意鳥地方工作，每天被嫌動作慢。他老婆劉軒檣說：「他的個性就這樣，我婆婆都說他適合當公務員，誰都想不到他現在會開一家這樣的餐廳。他就是低調，像我也常提醒他好的食材與用心的烹調手法要宣傳，要主動讓人知道。」此時，黃佳瑋在一旁緩緩的說：「不需要那樣。只要好好做，總會被看見。」

INDEX

鹽與胡椒餐館SALT&PEPPER RESTAURANT

地址：臺中市南屯區永春東七路758號、臺中市南屯區益昌六街86號

電話：04-23821182、22521322

網址：QR Code

營業時間：11:30-14:30, 17:30-21:30；週三公休

黃佳瑋　小檔案

出生：一九八六年
學歷：臺中明道高中餐飲科，國立高雄餐旅大學中餐廚藝系畢
實習：臺北老爺粵菜廳
獎項：龜甲萬職業組金牌、校園金鼎獎銀牌
證照：中式點心丙級、中餐烹調乙級
經歷：隨意鳥地方、樂沐法式餐廳、Oliviers & CO
創業：鹽與胡椒餐館，二〇一四年至今。客單價一千二百－一千五百

鹽與胡椒餐館於二〇一四年間在臺中干城街開幕，二〇一五年搬到南屯區益昌六街現址，這裡目前仍開發中，雖然周邊有賓士汽車展示間、臺中旌旗教會、芭蕾城市度假旅店等建築，聽起來繁華，實際上緊鄰著它的幾乎都是正在建設中的工地或空地，入夜之後，周邊人煙稀少。

但這樣一間位於空地間的餐廳，被許多臺中人形容爲「最難訂的餐廳」、「請客吃飯不會漏氣的餐廳」、「昂貴但值得」、「少數會讓我願意回訪並一再介紹的餐廳」等讚譽，實際走訪也會發現，當夜晚降臨，周遭一片漆黑時，只有鹽與胡椒這家餐廳人潮出出入入，充分顯示它不只網路聲量高，而是眞的受歡迎。

餐廳坪數不大，半開放式廚房，用餐空間與一個包廂合計只能容納三十人，整體感覺典雅且當代。菜色

煙花女義大利麵，這一盤是讓鹽與胡椒站穩的經典招牌。

部分最受歡迎的是爐烤鴨胸、干貝海鮮番紅花燉飯、松露牛肝菌燉飯，還有經典招牌煙花女義大利麵等等。取名「鹽與胡椒」，代表這些菜大多只用鹽跟胡椒去把食材原本的鮮甜滋味提出來。

主持這間餐廳的是一對夫妻，黃佳瑋與劉軒檣，兩人是高餐中廚系同班同學，黃佳瑋擅長料理，劉軒檣則是外場高手，兩人一內一外，菜色可口，外場歡樂，把餐廳經營得有聲有色，但有些人聽到黃佳瑋開餐廳，而且是一家知名餐廳時還是有點訝異，因爲「他好像沒那麼優秀啊？」

餐飲路上的波折vs順遂

確實黃佳瑋人生的前半段沒什麼自信，也經常都在被拒絕與挫折中成長。出生於臺中，小時候阿公阿嬤在臺中成功嶺外開一家「慈泰小吃店」，專門在阿兵哥出操時當「小蜜蜂」賣點心飲料，按理說這樣家庭背景的

小孩因爲常跟外人接觸，都會顯得活潑、靈敏、反應快，但黃佳瑋沒有，他從小就什麼都慢慢的，安安靜靜，阿兵哥來買東西時也不太會哈啦。

他老婆劉軒檣就不一樣了！劉軒檣從小活潑開朗，初見面就能給人一種樂觀積極的友善感。「高餐的老師都說我天生外場臉，那一年要上餐服課，老師把全班同學看一輪後就直接指定要我當小老師；之後馬英九來高雄辦國宴，總統府委託高餐挑四十位學生幫忙當貴賓接待員，很多學生去爭取，但老師直接就指定叫我去。」聽劉軒檣講話會讓人全神貫注，她表情豐富、口條清晰幽默，語調跟著情緒不停起伏。黃佳瑋補充說：「她眞的很受歡迎。高餐念書時，我陪她從教室走到校門口大概要花半小時，沿路不停有人找她聊天打招呼，我就默默安靜站在旁邊。如果我自己走，大概三分鐘就出校門了。」

大三實習那一年，黃佳瑋想到臺北的五星級飯店學廚藝，因此，學生心目中最優的幾家飯店他都投了履歷，也去面試，結果音訊全無。而劉軒檣一路過關斬將，臺北國賓、喜來登、晶華、亞都麗緻，每家飯店都喜歡她，錄取率百分百。後來有一天，劉軒檣問其中一家飯店的主廚爲何當初拒絕黃佳瑋的實習申請，那廚師的回答是：「那男的看起來就是很笨拙，不會講話，而且像是會偷懶的樣子。」

那麼，爲什麼一個樂觀積極到處受歡迎的漂亮女

鹽與胡椒餐館，有著典雅外觀。

孩，會跟一個大家眼中笨拙偷懶的男生交往並結婚呢？「我們相熟，是我請他騎車載我去追一個我喜歡的男生，哈哈哈！」劉軒檣說：「而當眞的認識黃佳瑋後，你會知道他是一個不用讓人擔心的人。他作餐的地方一定收拾得乾乾淨淨，所有的事情都會按計畫完成，不需要去提醒他，可以對他完全信任。最重要的，我沒聽過他在背後講誰壞話，不爭、不求，就是默默認眞作他自己該做的事。」

靠著不爭不求　翻盤成為績優股

年輕時的黃佳瑋到處不受青睞，眞正看到他優點的除了劉軒檣外就是幾位高餐老師，也因如此，雖然成績與技術在當時不是挺優異，但包含幾次的組隊比賽與畢業展，黃佳瑋都被指定擔任主廚。

認真做菜加上創意，黃佳瑋走出自己的路。

黃佳瑋的最大人格特質就是劉軒檣講的：「負責任、不爭不求、不背後論人是非。」因為負責任，所以雖然動作緩慢，但都能確實把所有工作完成，因此讓許多老師對其有信心。更重要是那個不爭不求也不論人是非的個性，讓黃佳瑋沒有派系，也沒有敵人，也因此由他擔任主廚的團隊，氣氛都非常融洽，所有人都能得到發揮，而不是只有技術好的才被看見，整個團隊的價值也因此得以呈現。

一位老師曾評論說，黃佳瑋其實只是表面緩慢，實際上極具創意，因為他把許多事情放在心裡想，想通了才去謹慎進行。例如當年畢業展，他擔任主廚，整個團隊需要設計一套菜色並對外售票，黃佳瑋就與團員們共同發想「禪」與「饞」，諧音創意大受好評。

在樂沐脫胎換骨

當年畢業後，劉軒檣很順利進到鼎泰豐與 Paul 等知名餐廳當外場，之後被挖角回到臺中工作。黃佳瑋則是退伍後，因爲當年申請實習不停被拒的陰影太深，因此決定放棄中餐改投西餐，進入隨意鳥地方當助手幫打伙，然後每天被嫌動作慢。隨著劉軒檣要回臺中，黃佳瑋想了想，也就跟著回來，準備重新找工作。

那一天，還在失業中的黃佳瑋陪劉軒檣到一家餐廳送橄欖油，那是一家裝潢典雅、氣氛迷人的餐廳，讓黃佳瑋印象深刻，於是他問劉軒檣：「這是什麼餐廳？」劉軒檣翻了個白眼告訴他：「樂沐」。

學中餐出身的黃佳瑋，於是回家好好 Google 了一下樂沐，並請朋友幫忙詢問；或許是剛好缺人，也或許是樂沐面試官眼睛花，總之，一直以來都很容易被好餐廳拒絕的黃佳瑋，居然順利進入樂沐，並突然之間就開了竅。樂沐是那種階級很清楚的餐廳，三廚、二廚、一廚，每個階段又分一、二、三級，然後是副領班、領班、副主廚、主廚，什麼職位作什麼工作不能馬虎，不是任何人都能隨便碰肉碰爐，但在此同時又有很清楚的晉級考試制度。

黃佳瑋動作很慢，但很踏實，也因踏實走得很穩，一步一步順利通過許多晉級考試，從最早的削洋蔥小幫手，逐漸晉級到可以去作醬汁、熬高湯、處理肉；由於樂沐對廚師的態度就是盡量讓大家去嘗試與發揮，也提供眾多食材讓廚師去激盪創意，大約工作二年晉升到副領班後，黃佳瑋不只熟悉西餐食材、擺盤與料理手法，再加上本身的中餐底，至此已整個脫胎換骨，自信心的強化也讓他從此擺脫早年那種溫吞緩慢的模樣。

在煙花女義大利麵中創造風潮

二〇一二年，黃佳瑋離開樂沐到 Oliviers & CO 當主廚也同時開始接私廚工作與教學，從一個做菜的廚師成爲一個需要去思考、研發與教學的主廚，創業想法也在此時萌芽。二〇一四年黃佳瑋與劉軒檣的第一個寶寶出生，爲了希望有更穩定的豐厚收入，鹽與胡椒就此誕生。

讓鹽與胡椒大受歡迎的經典招牌是義大利南部常見的家常料理「煙花女義大利麵」。「煙花女」其實就指「妓女」，講難聽點就是「妓女麵」，名稱如此粗俗主要在於此麵特色就是鹹香酸辣兼俱，食材包含大蒜、辣椒、酸豆、黑橄欖、番茄與鯷魚，各種滋味囂張奔放就像妓女般完全不矜持。這麵到了鹽與胡椒，除了口味好，更在於每盤都會附上一隻體型可觀的烤中卷，整個豪華印象加上劉軒檣那體貼迷人的外場服務，瞬間風靡整個大臺中，開店三個禮拜後部落客一位接一位到訪，根本還來不及思考怎麼作行銷就已經訂位都滿到一個月後，而且長期持續客滿。

搬到新址之後，鹽與胡椒的環境、食材與價位都再更升級，同一時間，員工的薪資也都往上調。黃佳瑋說：「以前常聽一位高中老師講：財散人聚，財聚人散，賺了錢，不要都只往自己口袋塞。」鹽與胡椒不只原味，也有著低調的人情滋味。

給學弟妹的一句話：

把每一件小事都好好的確實做好。

採訪後記　原創與踏實

我請黃佳瑋選兩個字形容他這個人或這家店，他選「原創」。一開始，我沒意見，但愈是反覆聽錄音帶與看筆記，就愈覺得這人與店的最大性格其實是「踏實」。

採訪這天，劉軒檣講了個小故事。她說，鹽與胡椒的煙花女義大利麵有隻大中卷，有天一位廚師跟她說：「明明中卷只要放冷凍庫裡等要用時拿出來沖水就能快速解凍，但老闆總是一大早就要他們把中卷從冰庫拿出來吹電風扇解凍，再用紙巾一條條擦乾，既浪費時間又佔空間。其實味道只差一點點，多數客人根本吃不出來。」

劉軒檣當然知道黃佳瑋為什麼要堅持，但她不懂的是，明明黃佳瑋作菜有很多食材與手法上的堅持，都很適合拿出來宣傳，但他都不太講，而她在外場很忙，有時不清楚

慢慢解凍，讓鹽與胡椒的中卷有著鮮甜好滋味。

細節也就錯失了很多說菜機會。「甚至，他連招牌都要做得小小的，菜單也都故意寫得很簡單，都不強調特色與用心。」

黃佳瑋說：「我就是不喜歡自吹自擂啊，懂的人就自己會發現。」

我一旁看著，心裡覺得有趣。「黃佳瑋喜歡被懂他的人主動發現他的好，事實上，他真的得到了！在所有人都覺得他溫吞緩慢很像會偷懶時，劉軒檣已經清清楚楚看到了他的優點並託付終生。而現在，劉軒檣希望黃佳瑋多宣傳自己，問題是，如果當年黃佳瑋喜歡自誇，劉軒檣會喜歡他嗎？」

鹽與胡椒餐館的菜色與裝潢頗當代，很難與「踏實」這兩個古板字眼連在一起，但我看到的，就是一個踏實的人，踏實的做著很潮的菜，安安靜靜，不張揚。

計畫

地芋添糖

陳薇安

用繽紛色彩詮釋傳統冰店

前言

陳薇安今年二十七歲，創業那年她只有二十三歲，創業一年多後就成爲網紅名店，營運狀況很好。很多人覺得她幸運，其實不是，因爲她從高中十七歲那年就開始想著要創業開冰店，而且從那時開始就很有計劃的到高餐讀烘焙、去產地熟悉食材、去冰店觀摩經營技巧。地芋添糖的成功不是幸運，而是一步一步，很踏實的計畫堆疊而成的甜美成果。

INDEX

地芋添糖

地址：臺中市北屯區旅順路三段141號

電話：04-22258753

網址：QR Code

營業時間：週一至週日13:00-21:00；

（已於2020年9月由原本的台中市北區錦新街28-3號遷移到此新地址，新的店面與經營模式，請參考其全新官網）

陳薇安　小檔案

出生：一九九二年
學歷：僑泰高中餐飲科；國立高雄餐旅大學烘焙管理系畢
實習：月之戀人（外場）
證照：中餐丙級、烘焙丙級
經歷：畢業就創業，無其他工作經歷
創業：地芋添糖，二〇一五年至今。客單價一百

「地芋添糖」位在臺中一中商圈外圍，比較靠近孔廟這一端，平常商圈人潮逛街不太會晃到這裡，會來的，多數是有目的性。這兩年，確實很多人抱著特定目的而來，這個目的就是「地芋添糖」。

「地芋添糖」諧音「地獄天堂」，若要分解，可以看成是利用「地」瓜與「芋」頭等天然食材「添」點「糖」再加點冰，做成一碗色彩繽紛的美麗冰品。

這家冰店在二〇一五年開業，最早因為貪圖房租便宜選擇在臺中太平工業區附近租店面，生意尚可但環境實在不好，大約一年之後把店搬到現址，幾個月之後就因為部落客與網美而暴紅，名列臺中八大IG打卡冰店之一，電視臺記者也紛紛約訪。老闆娘陳薇安說：「那時我正好懷著孕，每天半夜三點多我先生就要起床做粉粿，中午開賣後一路忙到傍晚五、六點，不是客人散了，而是所有備料都賣到精光，但不是就能休

地芋添糖空間相當開放，充滿創意冰店氛圍。

息，而是要接續準備明天的備料直到晚上。那是我一生之中最忙碌、最辛苦的日子，我每天都在擔心我會不會忙到上廁所時就把小孩上出來。」

遺傳自臺商父親身上的創業魂

陳薇安出生於臺中，父親是臺商，從小爸媽只要有空就會帶著他們到處旅行，並不停鼓勵他們未來要自己創業。高中那年，因為念餐飲，加上那段時間在宜蘭與花蓮等地旅行不時遇見魏姐包心粉圓，吃著吃著，一顆開冰店的種子就在陳薇安心裡發了芽。而且，跟一般年輕人心性不定、虎頭蛇尾的性格很不同，陳薇安這種子一發芽就再也沒有消退過，而且開始積極往這方向去充實各種知能。

高中餐飲科畢業後的升學首選當然就是高

餐，而且鎖定烘焙系，「但我很快知道我不是內場的料。」雖然很想自己動手，但陳薇安曾椎間盤突出，無法久站，而且長時間綁在廚房做著不斷重覆的事與調整口味那也不是她的愛好與專長，她愛的是外場互動與研發思考。

幸運的是，當時的男朋友，現在的先生羅皓展，補上了這個空缺。兩人從大一開始交往，羅皓展是農家子弟又念農業，對於農產品與食材研發感興趣，也不排斥自己動手做，因此兩人從學生時代就一起做著要利用臺灣特色農產品開冰店的美夢，約會時也勤加走訪各地冰店去看別人如何經營。

羅皓展比陳薇安稍大一兩歲，在他退伍、她畢業的那一年，兩人一起在臺灣環島二十九天，深入各鄉鎮農地去找適合開冰店的農產品，觀摩各地知名冰店考察特殊品項。陳薇安強調：「沒有錯，我們不是有計畫的要開冰店，而是『非常有計畫』的要做開冰店這件事。」

懷孕中的陳薇安（左）與羅皓展，夫妻兩人齊心協力經營地芋添糖。

觀摩完了，研究夠了，但一個剛退伍，一個剛畢業，手頭缺的是資金，兩人曾認眞思考要不要先去澳洲打工存創業基金，幸運的是，一直鼓勵子女要自己創業的父親不是只出一張嘴，而是在這關鍵時刻提供資金協助並給予信心，於是，「地芋添糖」開張。

繽紛色彩　引發熱潮

地芋添糖最迷人的特色，就是那完全使用天然食材製作的冰品配料，而且色彩繽紛。臺灣冰店眾多，但冰店最難的就是配料十分多樣複雜，紅豆、綠豆、花豆、花生、芋頭、地瓜、玉米、粉粿、鳳梨、仙草、愛玉、珍珠、草莓醬、巧克力醬……，簡單的小冰店要十幾樣，大一點的冰店配料動輒三、五十樣。這些配料口感與滋味各不相同，不可能混在一起製作，而是要分別完成，那是一個需要很多

地芋添糖招牌冰品端上桌，五彩繽紛，讓人看了心情愉悅。

時間人力，還要很多鍋材器具與火力的繁瑣工程，因此許多冰店最後都是利用現成的、罐頭的、工廠的、化學的、可防腐的……來製作冰品。表面看起來多樣繽紛，實際上卻是一口一口的不安因子大匯集。

「而且我一直不解的是，爲什麼大家的配料都差不多？爲什麼沒有多一點創意？爲什麼包心粉圓裡面永遠只有紅豆？」

「那不是我們要的冰店。我們要的，是眞的可以幫助到臺灣農產品銷售的，是眞的天然食材安心無添加而且具特色的。」於是，地芋添糖的冰品配料充滿了樂趣與創意，例如他們所有的彩色粉粿與珍珠都是用梔子花、火龍果、蝶豆花、百香果、芝麻、鳳梨、波菜、紅蘿蔔、洛神、老薑等等天然花果來調色調味，然後也把起司、堅果、薏仁、雪蓮子、紫山藥、毛豆等等各種內餡都包進包心粉圓裡試試，創造各種滋味變化。

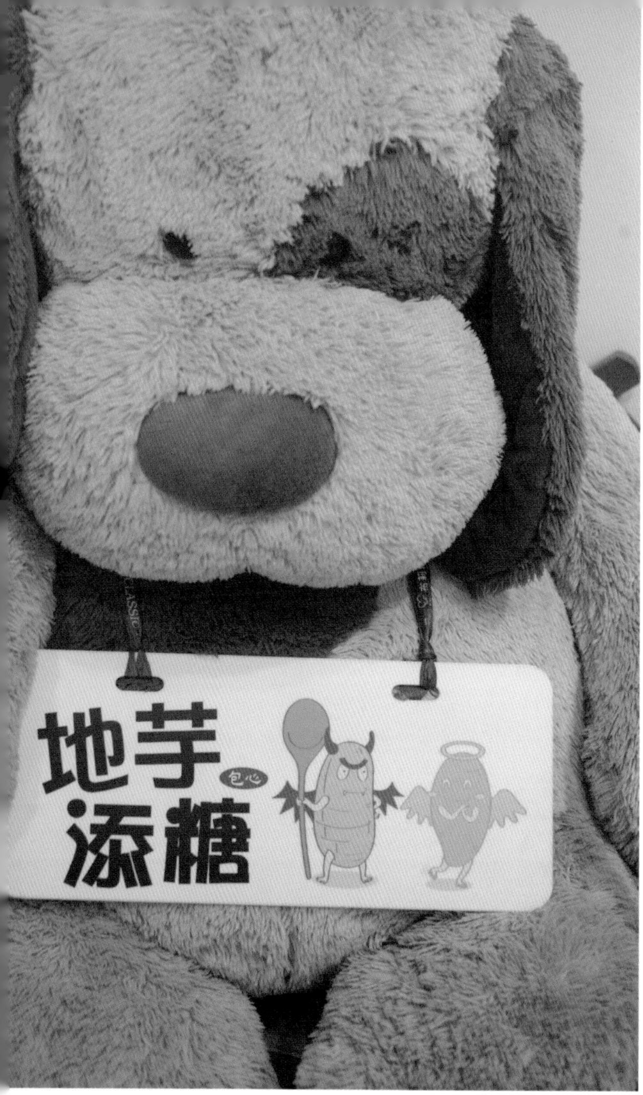

地芋添糖有著地獄天堂諧音，容易記住。

這些東西不是一次全上，而是依著節氣物產而改變，到地芋添糖吃冰，每次可看到的配料大約十二種，不多，但每一種都是眞的用天然食材現場製作而成。剛

地芋添糖的每種色彩都來自天然食材。

剛開店，當然沒有人知道，於是，陳薇安開了粉絲專頁，很認眞的最遲兩天就一定PO一篇文章，把所有實驗的成品、到市場買菜的畫面、新口味像感冒糖漿的失敗慘樣、還有終於成功的喜悅都PO上去，非常的眞實且讓粉絲參與了那研發過程的喜悅與低落，然後，就迎來了網紅與排隊盛況。

冰店也是靠天吃飯

「對我來說，我覺得地芋添糖最特別的地方就是我們把傳統的東西重新詮釋。現在的年輕人喜歡色彩，而我們做的，就是讓傳統的東西穿上一層新衣，延續它們的生命。」

剛開店時，多數人都不相信繽紛的顏色來自天然食材。「一開始常有客人跟我說，我們要正常的珍珠，不要這些染色的。」事實上，市面上那樣的咖啡黑珍珠大多是加了焦糖色素的珍珠，但消費者不懂，眞正的天然食材反而被大家認爲不天然。其實年輕人多數不在乎天然食材這件事，他們在乎的是色彩，但又不想太貴；年紀稍長有消費力的又很難接受天然食材顏色這麼繽紛，「所以一開始我們的教育做得很辛苦，我跟我爸爸一有時間就逐一到每一桌跟客人介紹我們的食材、製程與理念，就這樣一步步走來，有點像傳教。」

「到了現在，有許多媽媽非常支持我們，因爲有許多小朋友不吃的食物，透過珍珠方式他們就吃了，例如紅蘿蔔、波菜等等，很多媽媽都一直鼓勵我們多開發新口味，這點倒是始料未及。」

「最有趣的是，我後來眞的理解，原來冰店也是看天吃飯的。」二〇一七暴紅那一年三月開始，地芋添糖門口天天排隊，「之後熱潮消退的原因，不是網路熱度沒了，而是那一年八月一直下雨。在最熱、大家最想吃冰的季節，這雨天天下，下到大家吃冰慾望全消。去年冬天，我們準備冰也準備熱湯，結果這一年遇上暖冬，吃冰嫌冷喝湯太熱，別人暖冬我們寒冬。這才知道冰店跟農夫一樣都是靠天吃飯。」

現在的地芋添糖，只要氣候穩定，假日賣個兩百碗是沒問題的，

地芋添糖的珍珠色彩，都來自天然食材。

大約全盛期的三分之一，「這樣很好，我們可以有穩定的業績，收入比一般上班族好，也不會太勞累。」

這一天下午，陽光溫和稍微一點點熱，人潮三三兩兩，雖然不多，但沒有中斷，陳薇安與羅皓展這對年輕夫妻忙碌的一碗又一碗，薇安的父母也一起投入，或幫忙招呼客人與收拾碗盤，或幫忙照顧剛滿周歲的小孩，一家人在五彩繽紛的冰品與歡笑聲中忙碌著，充滿了喜悅與知足。

給學弟妹的一句話：

很多人以爲當老闆之後想休假就休假，自由極了。NO！事實上創業之後，錢在燒，放假會成爲罪惡，根本沒有勇氣放假。要創業之前就要想清楚，這會是一個一天二十四小時、三百六十五天都無法讓你輕鬆的工作。而且，你的產品一定要夠強。

陳薇安的全家福。

地芋添糖
HEAVENLY SWEET
為了您，
我們把簡單做到最好，
地芋添糖的理念與態度，都在招牌上了。

採訪後記　平淡的幸福

採訪陳薇安，是一個既充實又平淡的歷程。充實的是，她本身就是個頭腦清楚口條好而且極有計畫的人，加上這些年接受過很多媒體採訪，所以只需要用很簡單的問題開個頭，她就能自己滔滔不絕往下講，把記者慣常會問與想知道的事講得明明白白。

平淡的是，她太有計畫了！從高中想開冰店之後，就一路往這目標走去，她很清楚知道自己想要的目標以及現有的條件，甚至連談戀愛七年後要結婚這日程計畫也如期完成，也因此，他們的創業路走得很忙碌，但很平順，不像許多人的創業與生命歷程都充滿起伏。或許，平淡是一種幸福，幸福也是一種平淡，這樣很好。

但我比較有疑問的是，夫妻倆一起創業，這等於是他們每天二十四小時、三百六十五天時時刻刻黏在一起，這樣的生活好嗎？「確實，創業前有許多人勸我，絕對不要二十四小時黏在一起。」陳薇安說：「忙碌起來我們會有爭吵，但對我來說，即便爭吵我也非常珍惜，我非常珍惜我們相處時的每分每秒。」

「我非常珍惜我們相處時的每分每秒」，這話從性格很穩定、口條很清晰的陳薇安口中講出來，充滿了力量，讓人相信，只要懂珍惜，有溫柔，不論在哪，吃著地芋也像在天堂。

回歸

滿堂

林凱維

讓光環回到食物本身

前言

曾待過法國米其林一星餐廳，曾經是英雄餐廳雙主廚之一，曾上過許多媒體，「但現在滿堂時代，主角不是廚師，是食物。」林凱維說，隨著國內餐飲環境與國際接軌，現代客人非常懂吃，早年主廚可以靠著待過哪些餐廳、得過哪些獎項、上過哪些媒體等光環來吸引客人，「但現代客人要的是眞實的廚藝。」現在的滿堂，沒有過多的行銷與包裝，而是讓食物與客人對話，讓光環回歸食物本身。

INDEX

Restaurant le Plein 滿堂

地址：臺中市西區五權一街57號

電話：0910-833755

網址：QR Code

營業時間：18:00-22:00；週一二公休

週六日12:00-14:30，18:00-22:00

林凱維　小檔案

出生：一九八五年
學歷：明道高中餐飲科；國立高雄餐旅大學中餐廚藝系
實習：臺中全國飯店
獎項：中華美食展團體金牌
證照：乙級中餐烹調技術士
經歷：臺中亞緻飯店、法國 Auberge la Fenière、法國 Le Jardin Mazarin、德朗餐廳、亞都麗緻巴黎廳一九三〇、中山招待所
創業：英雄（二〇一六年十月—二〇一九年一月）客單價約三五〇〇元；滿堂（二〇一九年五月起）客單價約一五〇〇元

「滿堂」法文名字「le Plein」，兩者意義差不多，都是「滿」，那個滿，指的是賓客滿堂，也指的是對食物的滿足，或是整場宴席的圓滿。

滿堂位於臺中五權一街一棟老宅，位置鄰近美術園道，巷道之間充滿悠閒與韻味，打開大門，一個小小的綠意庭園空間加上大量原木窗框與傢俱，讓整棟老屋散發一股典雅恬適的悠閒氛圍。滑開餐廳木門，一個大大吧臺就在眼前，吧臺之後，林凱維正低著頭、彎著腰，專注做著菜，整體感覺與空間，讓人瞬間遠離了城市喧囂。

經典前菜十全十美，看起來簡單，入口滋味絲絲分明。

全新開幕短短不到半年，已經累積不少常客，網路上也有不少部落客推薦體驗文，多數盛讚那無框架中西式融合的美味讓人驚豔。

確實，這裡的菜沒有框架，例如最經典的前菜「十全十美」，它是看起來十分簡單的一道涼拌小菜，由十種當季素菜與蔬菜匯集而成，紅蘿蔔、黑木耳、紅椒……，乍看宛如水餃麵店那一盤三十元的涼拌蔬菜，但一入口，就發現那滋味絲絲分明，該甜的甜、該嫩的嫩、該脆的脆，每一口都是多樣的口感與鮮蔬滋味混合，那展現的，是中餐底子的精緻刀工。

又例如同樣是前菜的「煙燻薩索雞腿」，薩索雞是來自法國育種、體型較大的雞種，其特色是皮薄、肉質鮮嫩，但在雞腿的皮與肉之間有一層豐厚油脂，一般西餐作法是將其烤脆或煎脆，成為可熱呼呼入口的豐腴主菜，但滿堂的作法，是將臺灣白斬雞觀念導入，燙熟後再加以煙燻，讓其原本豐厚的油脂化成一種迴盪在舌尖的韻味。西式食材加上中式烹調概念，毫無框架卻又充滿美味。

臺灣法國無差異　學技術靠心態

主持滿堂的，是林凱維。臺中本地人，從高中開始讀餐飲，進入高餐後學的是中餐，但畢業後進入臺中亞緻飯店就一直待在西餐領域。那一年，學校老師傳來訊息，提供高餐學生可前往法國世紀主廚 Paul Bocuse 開設在里昂的廚藝學院學藝機會，想了一想，確實對西餐頗感興趣，於是林凱維辭掉工作，前往法國拓展人生視野。

「到法國學廚藝」是許多餐飲科系學生的美夢，但值得嗎？這一年，林凱維不只在法國學了廚藝，甚至結業之後還前往普羅旺斯的 Le Jardin Mazarin 餐廳待了五個月，隨後又到擁有米其林一星的 Auberge la Fenière 餐廳待了近一年，米其林光環加持，當然耀眼，不過，百感交集。

「事實上，這幾年臺灣廚藝環境進步非常多，許多國外高端餐廳也都來到臺灣展店，甚至聘請了不少外國高明廚師來臺，也因此，在法國餐廳的工作內容，事實上跟在臺灣餐廳的工作內容差不多，學到的技術也差不多，如果想學技術，實際上沒有特別需要到法國。」林凱維說：「反而後來我回到臺灣，在亞都麗緻巴黎廳一九三〇工

煙燻薩索雞腿，有著迴盪在舌間的豐厚油脂。

作時，從當時的 Clement 主廚身上學到的技巧與觀念還收穫更大。」

「到法國學藝，最大的差別在心態。在臺灣，一個工作不開心，一時情緒低落，你都可以很輕易的提辭呈或翻臉，因爲你家就在臺灣，你有後盾，但在法國沒有。」「在法國時，確實有些廚師會欺侮亞洲人，或嘲笑動作緩慢，或嘲笑語言不通順，而且有時用詞很粗魯。」「工作時間也很長，我那時經常是白天八點上班，下午三點休息，接著晚上六點繼續上班到晚上十二點，非常過勞。」「但在那個環境下，你沒有家庭後盾，你隨時要擔心丟了工作，你知道一切要忍耐，於是，你只能把所有的精力都放在工作上，沒有心力去想喜歡不喜歡，高興不高興，就是不停的做，你會因此變得更加獨立，也因此有機會不停的精進技術。」

「那一年，我廚藝學校結業後留在法國學語言，然後要找工作，事實上，亞洲人要在法國廚房找到工作眞的不容易，種族歧視或沒人介紹，種種因素都會導致沒人肯用你，但我一定要找到工作才能繼續留在法國。」「很幸運的，有一家不是很精緻餐飲的餐廳急缺人，用了我，又很幸運的，這家餐廳主廚剛好曾經是那家米其林一星餐廳的廚師。」「那幾個月，我確實非常認眞工作，並不停拜託那位主廚幫我介紹前往那家米其林一星餐廳工作，就這樣拜託了好幾個月，認眞工作了好幾個月，他才終於願意幫忙介紹，我也才順利進入 Auberge la Fenière 工作。不管對人對事，態度積極認眞才有可能得到幫助，這點很重要。」

每回做菜，林凱維就會專心沉浸於味覺世界中。

「那家米其林一星餐廳對食材處理的方式與烹調手法，眞的跟很多臺灣優質餐廳都差不多，唯一比較大的差別是他們的羊隻是整頭進貨，再由廚師分切利用，而非指定好分切部位後由廠商送來。」「有機會出國學習當然是好事，但不一定出過國的人就比較有能力當大廚。同樣的時間，留在臺灣好好跟好廚師學習，並好好建立人脈，也是很好的選擇。」

從英雄到滿堂

從法國回到臺灣之後，林凱維先進臺北內湖德朗餐廳，這是一家在二〇一八年獲得米其林餐盤推薦的低調餐廳，主要專攻傳統法國菜；接著前往亞都麗緻巴黎廳一九三〇，當時的主廚Clement最早學甜點出身，在地食材運用與盤飾都非常有創意；隨後，回到臺中家鄉進入中山招

待所擔任主廚，亦即回臺灣幾年後，一直都待在頂尖的精緻餐飲領域。

其實，林凱維際遇不錯，待遇一直不差，在中山招待所擔任主廚期間月薪已達六萬多元，這對剛滿三十歲的年輕人而言已相當不錯，「但不管待遇再怎麼好，學餐飲的，心中總有一個創業夢。」

二〇一六那年，畢業後赴日留學的同班同學蕭淳元想把開在南投家鄉的餐廳挪到臺中，因此找上赴法留學的林凱維。蕭淳元點子多、行銷創意足，林凱維是省話王，但對廚房與料理非常嫻熟，兩人一拍即合，就此找到目前「滿堂」現址這棟老房子，共同經營「英雄餐廳」。兩年多的時間，經歷大大小小餐會，雙主廚的餐飲理念，對時令節氣與在地物產的想法也都能透過媒體行銷得到宣揚。

獨資VS合作

英雄餐廳經營狀況頗佳，但到了二〇一九年元月，兩人決定終止合作，究竟爲何分道揚鑣，林凱維說：「其實我也說不清楚，就是到了那個階段。」沒有惡言，也沒多談，只是回頭審視，英雄確實曾在餐飲圈創造無數話題，過程非常美好，這段經歷沒白走。

「如果再來一次，或給學弟妹建議，創業究竟該獨資或合作？」林凱維說：「各有優缺點。」獨資的最大好處是一切可以自己決定，但合作最大優點就是資金可分擔、專業可以分工，可以更專精在個人最擅長的部分而不用樣樣都負責，只是最大問題在於隨著餐廳成長，工作內容與資金都會變得繁瑣多樣且產生摩擦。「再來一次，我也許還是會選擇合作而非獨資創業，但在合作之前，一定要把分工模式與細節白紙黑字寫下來並到法院公證，心態也要調整，從此要以合夥的關係相處，而非以朋友的關係相處。沒有白紙黑字時的爭執與各說各話，反而加深誤會，更傷感情。」

滿堂主角，就是食物本身。

回歸食物本身

英雄結束之後，林凱維收拾行李前往法國散心，並在四個月後開了滿堂。在全新的滿堂空間裡，林凱維把所有重心放回食物身上，不再特意去強調在地食材，「因為只要食材夠好，它本來就會自然而然被使用，何必去強調。」要強調的，是如何以客人角度去思考客人的需要，讓客人得以輕鬆吃飯，吃得飽吃得好，讓食材去跟客人對話，而不是去彰顯主廚個人。

回歸食物本質，說起來簡單，事實上要讓每一天端到客人面前的每一盤菜滋味都一樣，它並不容易，它需要很多練習，很多堅持。例如滿堂招牌菜之一「好吃的飯」，它是一碗手做肉燥飯。一般餐廳的肉燥飯是早上炒燉再加老滷，下午就使用，但滿堂的肉燥飯是炒好之後，連續三天每天滾熱再靜置室溫下放涼，讓味道融合，接著加入豬腳筋煮滾放涼後再進冰箱冷藏兩天讓其結凍以便撈掉油脂，讓這碗飯吃起來充滿膠質與脂肪甜度卻毫無油膩。

滿堂開業這段時間，也開始推出午間套餐，也一樣找到好的食材就用，胭脂蝦、臺灣牛橫隔膜、澎湖紅甘、黑豬里肌……，沒有太多媒體行銷與故事介紹，只有用心的烹調。滿堂與林凱維，正往人生的下一階段前進中。

典雅的老屋，有著滿堂的歡愉。

給學弟妹的一句話：

做餐飲不只是做出一盤好吃的菜那麼簡單。

採訪後記　從英雄到滿堂

林凱維是個句點王。問他問題，他會先重覆一次你問的問題，然後再簡短的回答，回答時就跟料理食物一樣會把多餘的筋膜都去掉，不太挾帶情緒、不太有廢話，然後你只能心中默默的想：「結束了？」

他這樣的性格，不太受媒體歡迎，除非你懂他的故事、懂他對料理的想法，否則會覺得報導起來非常乾硬。我沒接觸過以前的英雄，但光看以前英雄能有那麼多報導，就很容易可以推測，林凱維很懂做菜，不擅長行銷。

但這沒什麼不好。人都有自己的擅長與性格，沒有必要扭曲自己，真有需要就另找專業，找不到可互補的專業，那就專心自己擅長的。這正是林凱維目前在走的路。不彰顯個人英雄主義，更多的善意與分享，或許更能賓客滿堂。

信任

拾個月蛋糕餅乾禮物專門店

拾起人生中的美好

陳建毓

前言

拾個月賣的，是一個早就殺成紅海的彌月蛋糕與喜餅，市面上同類型商品多如牛毛，但之所以能在短短的開幕一年多後就成爲臺中知名品牌，很多人說：「因爲他們有藝人代言。」事實上，藝人代言之外，更重要的基礎其實是信任。那個信任，指的是信任專業，所有的設計與活動都委託專業，同時要堅持食材品質與誠信，讓顧客信任。

INDEX

拾個月蛋糕餅乾禮物專門店

地址：臺中市沙鹿區北勢東路476號

電話：04-2633-1929

網址：QR Code

營業時間：11:30-20:00

陳建毓　小檔案

出生：一九八四年
學歷：明道汽車科；國立高雄餐旅大學烘焙管理系
實習：臺中永豐棧西點部
證照：烘焙丙級（太太賴稜蓁為高餐同班同學，擁有烘焙乙級）
經歷：喜豐香餅鋪
創業：拾個月蛋糕餅乾禮物專門店，二〇一六年十二月至今

位在臺中沙鹿地區的「拾個月蛋糕餅乾禮物專門店」，附近有靜宜大學與弘光科技大學，但它做的不是學生生意，甚至它做的不只是沙鹿地區的生意，從二〇一六年底開幕後一年多，它就已經成爲臺中地區知名彌月蛋糕店，到了二〇一九年它更已是全國知名的彌月、喜餅與造型餅乾店，而且是一家在演藝圈中有著高知名度的餅店。

走進「拾個月」總部，店面不大，二十多個座位，裝潢簡單樸實，但卻擁有獨立停車場，而且前來購買餅乾蛋糕或是詢問喜餅與彌月專案的準新人與新手媽媽們絡繹不絕。整面牆上擺滿各式造型餅乾與包裝鐵

拾個月的彌月禮盒吸引許多名人選用。

盒，櫃檯前的冷藏櫃中有著多樣蛋糕與塔派，色彩十分繽紛，但最搶眼的，是藝人楊千霈與她先生跟小孩的簽名合照，這張照片，在二〇一八年時爲拾個月打下高知名度，加上一旁的藝人坤達與柯佳嬿婚禮指定喜餅禮盒，還有兩性作家女王的推薦，種種演藝名人加持，讓拾個月充滿時尚感。

整個店內，洋溢著新婚、新生等各種人生新階段的喜悅感，陳建毓說：「我們賣的，不只是餅，而是要陪客戶一起『拾』起人生中的美好。」拾個月賣的，是一種幸福感，也是一種從傳統老店開枝散葉後的蛻變。

傳承喜豐香餅鋪　從大餅到烘焙

陳建毓家族是土生土長臺中沙鹿農家，直到父親這一代前往臺中市區學習做大餅並回到家鄉開店，這才讓陳家踏進糕餅業，也讓「喜豐香餅鋪」在沙鹿飄香三十多年，見證過許多青年男女的人生大事。

陳建毓從小跟著糕餅一起長大，但最感興趣的是汽車，國中畢業後就選擇進入明道汽車科，每天在興奮心情下學習汽車新知，但在畢業那年，突然有點懂事的考慮到家族事業會有承接問題，因此改變志向轉以高餐烘焙系爲目標，花了一年準備重考並很順利的以汽車科學生身分考上高餐。

離開家鄉來到高雄，原以爲自己從小看著父親烤大餅，做起烘焙應該會得心應手，沒想到眞的站上料理臺卻完全搞不懂烘焙與發酵原理，每天上課盯著一堆堆的麵糰但心中卻只想回去拿板手修汽車，「轉捩點是大三實習那一年」。

拾個月櫥窗也提供多樣蛋糕可供選擇。

實習的單調與重覆　打通任督二脈

從事餐飲業，最需要克服與面對的就是每天重覆枯燥的工作，整天都在削洋蔥、整天都在打麵粉、整天都在熬高湯，然而，很多的基本功與任督二脈的打通，靠的就是努力熬過這些枯燥歷程。這個道理，陳建毓深刻感受。

陳建毓說，大三那年實習是在臺中永豐棧西點部，每天一早睜開眼睛就是打蛋打奶打麵糰，當下真的覺得極度無聊，但既然是工作，只能忍耐著繼續做，持續了半年。「沒想到的是，等下學期回到學校再站上料理臺，我突然懂得烘焙到底是在幹嘛了！」實習時的重覆單調，事實上它就是一次又一次的經驗累積，透過這樣的累積，烘焙師就可以觀察到每天不同麵糰之間的細微變化，只要香氣、濃稠、味道有一點點的改變就會知道問題出在哪，而這就是烘焙專業的重要基礎。

口味多樣且可客製搭配，拾個月切中市場。

從迷失方向到訂單蓬勃，全體員工都一起努力。

實習打通任督二脈後，陳建毓開始認真投入烘焙，很快的就從修汽車的墊底學生，到了畢業時，成績好到可以進入全班前十名。畢業退伍後，碰巧父親身體出了點狀況，哥哥又在日本就讀餐飲學校，因此家人決定由陳建毓回家承接喜豐香，從進貨、出貨、產品研發、食材挑選到商品製作都一手包辦，陳建毓也全新開發土鳳梨酥、紅豆麻糬與咖哩酥餅等等長銷商品，幫自己培養了厚實的技術與信心。

投入家族喜豐香餅鋪經營大約十年後，哥哥從日本回到臺灣，兄弟兩人面臨分工問題，最後家人決定與其兄弟經營同一家店，倒不如另外創立全新品牌，讓老樹得以開枝散葉，也讓家中這塊餅愈作愈大。就這樣，「拾個月」誕生。

除了彌月禮盒與喜餅，也有不少小禮盒可立即送禮與分享。

再苦都要撐下去

拾個月開幕這一年，市場上的彌月蛋糕早就殺成紅海，阿默蛋糕、天鵝脖子街、BabyFace、伊莎貝爾、一之鄉、橘村屋、郭元益……各種或傳統、或時尚的店家早就各自在彌月蛋糕佔有一席之地，憑什麼拾個月還敢搶進這個市場？

陳建毓說，其實最早想的，就是覺得可以承接喜豐香的客人，自我想像以爲新人們在新婚時用了喜豐香的大餅，等十個月生小孩後就理所當然會接續使用拾個月蛋糕當做彌月禮。結果證明一切只是自己想得美。「開業大約半年後有一天，臨睡前，我根本睡不著，想著資金不停消耗卻又沒多少收入，我在床上翻來覆去十分沮喪，太太問我怎麼了？我回問她，是不是我們走錯了路？是不是我們應該儘快把店收起來？」

那一晚，陳建毓頭一次覺得人生如此無助。「我父親不知道什麼叫消費，不知道什麼叫花錢，他把賺到的每一分錢都存下來，而這個房子、這家店，等於是他幾十年來的辛勞血汗都在上頭，但這些血汗正在我們手中不停被消耗。」這一晚，他那同樣是高餐烘焙系的同班同學太太賴稜蓁沒有多說什麼，只是很堅定的回答陳建毓：「再苦都要撐下去！」

人在脆弱懷疑時，需要的往往不是長篇大論，而是簡簡單單堅定的告訴你「你沒有錯，要撐下去！」陳建毓太太在這一晚，很稱職的扮演了這個角色，也果然堅持之後，很快有了轉機。幾天之後，拾個月蛋糕就因爲在臺中機場工作的鄰居介紹，順利取得昇恆昌的代工訂單，每天協助昇恆昌生產機場所需的所有甜點。

昇恆昌訂單帶來的不只是收益，更是信心。陳建毓：「之前我都在想，是不是自己的口味不好所以賣不動。但昇恆昌的訂單之後，我可以確定我的產品沒有問題，可以被市場接受，這個信心非常重要。」

信任專業　強化品牌

伴隨這個信心而來的就是連續幾筆大單，包含中國手機大廠 OPPO 訂了九百多盒，Pioneer 與沙鹿附近營

精緻的鐵盒包裝加上藝人代言，拾個月十分熱門。

造廠也陸續向拾個月下單訂購要贈送客戶的餅乾禮盒。此時，有個難題必須抉擇，當時設計師協助拾個月設計一款鐵盒，質感很好，但爲難之處在於一般紙禮盒可以用一千個爲單位訂製，但鐵盒因爲開模、生產線與成本等問題，一次訂做要以一萬個單位。一個包裝鐵盒的製作成本四十多元，加上提袋約五十元，等於這一下訂就是五十多萬，而且銷售、保存與倉儲都是壓力，做或不做？

最後，陳建毓咬牙決定做鐵盒，也因鐵盒質感極佳，加上餅乾的食材與作工都有堅持且盡量平價，很快有了一點知名度；到了二〇一八年初，因爲參與藝人楊千霈的彌月蛋糕海選並順利與其合作，從此奠定拾個月在演藝圈的高知名度與在消費者心中的時尚感。當時心中忐忑不知兩年內能否賣得掉的一萬個鐵盒，結果很順利大約一年後就用完準備製作第二

拾個月店內隨時可見來試吃喜餅或彌月禮盒的客人。

批。

這個經驗，讓陳建毓更確定不能一切土法煉鋼講求CP值，而是要信任專家與專業。回想當初拾個月創辦時，找了專業設計師協助發想並命名「拾個月」，它除了意喻十月懷胎後的喜悅，也代表「拾」起人生中的美好，讓整間店的形象與定位非常清楚。而同一時間因為想省錢沒有找專業建築師，而是找認識的營建廠協助規劃與興建拾個月大樓，原以為靠著自己的經驗與想像就能規劃出一個好店面與烘焙工廠，結果是真正運作之後，光是插座這件事，就經常要用時找不到，等不用時它又一直跑出來。

陳建毓說，如果可以重來一次，一定是找專業建築師與室內設計師幫忙規劃，因為有了設計圖後再去找營建公司時，心中就能有一個明確藍圖與比價基準，而且能設計出真正符合自己需求的空間，就算要花一筆設計費，但這筆錢通常能讓自己的想法更加落實，而且能少走冤枉路與少花冤枉錢。現在的拾個月，也是從店長、廚師、設計、包裝與行銷，每一個角色都尋求專業，尊重專業。

隨著腳步站穩，知名度打開，現在的拾個月已經成功讓喜豐香餅鋪這棵老樹順利發出新芽並長成另一棵大樹。「接下來，我們想開發國際市場。餅乾容易帶、容易走得遠，如果拾個月可以做到國外市場，或讓國外旅客來臺旅遊時想要買回去，那會是一件很好的事。」說的時候，眼裡有光芒。

給學弟妹的一句話：

如果想創業，要先學會看合約的能力。合約是商場上保障彼此的依據，透過它可以避免認知落差並讓合作有一定的規範與品質，這點非常重要。

採訪後記　讓人愉悅的鐵盒

我一向不怎麼愛吃喜餅，因為現代喜餅真的很美，但總是用了很多的塑膠袋，很精緻，卻也很傷環境，而且一整盒裡合我口味的常常只有一兩種，其他總有些很刮胃，好吃的吃完了，剩下很多刮胃的跟不愛吃的，一整盒擺著真不知該拿它怎麼辦。

拾個月禮盒有多樣選擇，可適合不同客群。

拾個月的喜餅讓人印象最深刻是它很厚實，咬下去有一種傳統大餅的厚實感，我吃著吃著才想到，對喔，陳建毓家族本來就是做大餅的。於是我問起他關於材料的差異等細節，他提到一個故事，他說有一年有人來推銷一款奶油，一桶就便宜五十元，這對用量級大的餅乾店來說是極大的成本差異，於是他進了一點試試，結果發現它再怎麼打就是有點乳霜狀很難跟其他材料融合，這讓他意識到，「想要便宜省成本，但最後犧牲的往往增加製作上的難度、時間耗損，以及品質。」那之後陳建毓對食材就不再貪小便宜，因為那不是成本問題，而是誠信問題。

拾個月的餅還有一個優點，就是外層鐵盒包裝打開後就沒再有過多的塑膠袋包裝，當然，這會造成保存不易，但基本上沒差，因為拾個月的餅本來就沒防腐劑無法久放，用那麼多塑膠袋也沒意義。但最終感想是，還好他當年心一狠改用了高成本鐵盒。這種吃完後的餅乾鐵盒，對我們這種有點病態囤積狂的人來說，就是一個愉悅的泉源。

跑者

熹熹hotpot

陳顥

讓苗栗的質感被看見

前言

曾經是田徑選手，曾經爲苗栗跑出至今依舊高掛榜上的田徑紀錄榮光，現在開熹熹火鍋店，賣的不只是火鍋，而是一個讓苗栗鄉親能夠大聲自豪對客人說：「我們苗栗也有這樣的餐廳」。陳顥要賣的，是苗栗的質感。

INDEX

熹熹/hotpot

地址：苗栗縣苗栗市恭敬路215號

電話：03-7377776

網址：QR Code

營業時間：11:30-14:30，17:30-20:30；週二、三公休

陳顥　小檔案

出生：一九九〇年
學歷：明道中學餐飲管理科，國立高雄餐旅大學西餐廚藝系畢
實習：澳洲伯斯活佛素食餐廳、臺北安和路 Forchetta 叉子餐廳
獎項：西餐比賽全國第四名（高中）；全國技能競賽西餐第一名（大學）
證照：中餐乙級，中餐丙級，西餐丙級，調酒丙級，中式點心 - 水調和麵類發麵類丙級，烘焙麵包丙級
經歷：鶴山飯館經營與主廚（自家餐館）
創業：熹熹 hotpot，二〇一七年五月至今，客單價六百元

熹熹二字，代表著鍋具食物正在火上煮，字面上又帶有喜氣與歡喜開心之意，也確實走進熹熹，一切都很賞心悅目。牆上掛著以陳顥自家貓狗爲範本的人像畫，正面入口是大膽明亮的黃藍綠紅等鮮豔色彩鑲嵌玻璃，一轉身就是仿古鏡、典雅壁面、花磚，最神奇的是在一切宛如洛可可般的甜膩華麗之間，卻很巧妙的插入了東方古典大紅燈籠、客家花布、人力車與仿古老字號匾額，種種中西元素既衝突、又融合。

把熹熹這家店放在臺北或臺中，其實不會讓人有太多的震撼，只會讚嘆它的細緻與用心。但把這樣的店擺在苗栗，除了衝突，多數人更會想到的是爲難。爲難的是，這樣的店吃一餐得花多少錢？在苗栗，賣得動嗎？

熹熹店內裝潢色彩相當華麗，中西元素既衝突又融合。

要讓苗栗的質感被看見

這問題陳顥也不時拿出來問自己，但她想到的是自己父母的經歷。三十多年前陳顥父母在苗栗公館開了「鶴山飯館」，開在一條連路名都沒有的苗二十六線道上，地處偏遠，但卻用了宛如紅木傢俱般的厚重餐桌椅與木雕窗花，號稱賣的是客家菜但卻多數是自創菜色且價格高昂，開幕之初，受到許多鄉親嘲笑「你們要煮給鬼吃嗎？」但現在網路一搜尋就知道，鶴山飯館已經成爲歷任總統與政商名流都會特地造訪的店。

「苗栗不應該只有便宜大碗的客家菜，也不該只有鶴山飯館，它還應該要有熹熹這樣可以用涮鍋方式品味高級食材原味的店。」靠著這信念支持，二年多來，熹熹每天以原食材蔬果自熬湯頭，以較高的運輸成本引進高品質肉品與海鮮，靠著餐桌美學、自創的牛滷肉飯在苗栗站穩腳步，並吸引了臺中、新竹等地客群。更重要是，現在有許多苗栗本地鄉親想要招待重要的外縣市客人時，就會把客人帶來熹熹，彷彿對客人宣告：「我們苗栗也有如此充滿質感的餐廳。」

打造這間充滿質感餐廳的人是陳顥。陳顥的生命歷程就像熹熹 hotpot 的裝潢一樣充滿衝突。父親是田徑選手，之後轉行當美容師；母親是蒙特梭利教育人員，之後轉行當銀樓經理；兩人婚後原在臺北奮鬥，爲了照顧長輩因此搬回苗栗公館鄉下開餐廳，並生下陳顥這對兄妹。

陳顥出生時正是父母的鶴山飯館草創時，嬰兒期的陳顥經常被媽媽背到廚房炒菜，她因此自嘲自己一出生就是小型的抽油煙機，血液裡流的是客家伙房的油煙。

從小學開始，陳顥兄妹就要幫忙家中餐館端菜收碗盤，或外燴時蹲在路旁洗碗洗菜，經常冬天冷水把兩隻小手凍到發紅。即便當時家境較苦，但兄妹倆仍從小在媽媽期望下被往音樂路上栽培，陳顥主修小提琴與薩克斯風，副修鋼琴，明明住在苗栗鄉下過得不富裕，卻又一直身處氣質優雅的音樂環境中。原本如果一切順利，她應該會一路音樂班然被送出國深造，成爲出現在維也納金色大廳舞臺上的那種人。

人生轉彎成跑者

第一場人生彎道發生在國小四年級。那一天學校朝會，陳顥一如往常帶著音樂班的柔美氣質乖乖站在操場，這時體育老師突然走來直直盯著她的腿，看著看著，就像電影《少林足球》裡吳孟達仔細端詳周星馳的腿一樣無比讚嘆，直說這是可以拯救臺灣田徑圈的一雙腿。

現在的陳顥身高一百七十二公分，事實上國小四年級時她的身高僅僅一百三十幾，就算到了國中也只有一百四十多，上學都坐第一排，眞不知體育老師到底哪隻眼睛看到她能跑。但在學田徑的爸爸支持與她本人充滿意願下，從此陳顥過著白天上學、下

熹熹店内畫作與擺飾都相當特別，也都有其背後故事。

午練田徑、晚上學音樂、假日幫忙炒菜收碗盤的忙碌生活。

只能說田徑老師真的慧眼，短短幾年練習，陳顥潛能大爆發，加上當時她都留著一條長達膝蓋的長辮子，在田徑場上宛如一頭飛躍石虎，直到現在，苗栗與臺中的八百公尺與一五〇〇公尺最佳記錄保持人都還停留在陳顥，也靠著這體育成績加持，許多高中捧著獎學金來邀請陳顥入學，最終，考慮到未來可以協助父母經營餐廳，陳顥選擇進入臺中明道餐飲科，再次將人生從操場轉進廚房。

人生轉彎進廚房

長期的體育訓練，讓陳顥醉心於競賽，進入明道後就積極參與國內外各項廚藝競賽。「練習跑步時，我是一年三百六十五天只休除夕一天，練習廚藝時，我用的是同樣的力道與精神。」持續反覆的練習，讓陳顥的刀工與廚藝突飛猛進，高一就到曼谷參賽贏回兩面銅牌，也曾奪下西餐比賽全國第四名。唯一讓她不適應的是比賽跑步時，成績快一秒就是快一秒，但比賽廚藝時，誰好誰壞的那個標準卻完全取決於評審，所以只能督促自己要不停更努力。

「我的學業成績極差，國中時英文只考四分，爸爸都笑說，妳選擇題全部選C也不該只有四分。高中時進步一點，有到二十幾分。」但靠著優異的比賽成績

家中滿牆滿桌的獎牌獎杯，是陳顥青春期的重要生命歷程。

與面試時的開朗，陳顥順利進入高餐，並同樣醉心於競賽，很快就跟隨陳寬定老師四處征戰，曾奪下全國技能競賽西餐第一名。在此同時，也利用每年暑假前往歐美各地遊學學英文，並於大三時分別前往澳洲伯斯活佛素食餐廳，以及臺北安和路 Forchetta 叉子餐廳實習，奠定自己的國際眼界與美學擺盤基礎。

高餐畢業，陳顥沒有前往大都市求職，而是收拾行李回鄉協助父母照顧已近三十年歷史的鶴山飯店，一頭栽入客家菜的世界，從主廚、外場到財務樣樣學習，起得比雞早，就怕自己無法得到老員工的信服與認同。就在一切上軌道後，當年被媽媽送往日本學廚藝的哥哥回鄉，陳顥也就此卸下肩頭擔子並在父母支持下全新展開熹熹。

熹熹店內許多擺飾，都是過往很少在苗栗餐廳發現的風格與品味。

想幫苗栗轉個彎

開熹熹，是覺得苗栗也該要有家像樣的餐廳。最早，想開一家類似春水堂般只強調空間的複合餐飲店，還為此去學咖啡考執照，但後來覺得火鍋才能突顯食材原味，因此轉

用自家狗狗當主角的肖像畫，在熹熹店內非常吸睛。

向，並花了許多時間考察臺灣各地食材、建材與裝潢，最終確立熹熹的風格與走向。

開業兩年多來，有過蜜月期的人潮，有過被質疑的冷清，但現在，已經成爲苗栗鄉親很常帶外地客人來用餐的店，「賺得不多，但至少報表沒紅字。」更重要是，「就如我們的鑲嵌玻璃一樣，我們已爲苗栗這個封閉的餐飲環境，注入一些全新的色彩。」

給學弟妹的一句話：

現在的餐飲大環境與顧客需求之間經常「答非所問」，也就是客人總是要求一流美味、一百分服務，卻又重視CP值，要求與成本猶如兩條平行線。想要創業，就要好好思考自己要什麼。想賺錢的話就好好檢視自己的商業模式；如果重視的是理想那就請準備雄厚資本。

創業不易，而且學校針對餐飲科系學生大多著重廚藝教學，但在創業方面的店面裝潢基本概念，包含建材、水電、設備、動線、色彩學，甚至進一步的稅務、營業登記、財務報表、成本控管等等方面的教育較爲缺乏，建議未來想自己創業的學弟妹們可向校方爭取開立相關課程。

看似不起眼的牛滷肉飯，是熹熹客人必點。

油花漂亮的牛小排，端到苗栗人餐桌上。

從豬五花的刀法與擺盤，就可見陳顥的餐飲底子。

熹熹從裝潢、花草到服裝，都充滿質感。

採訪後記　跑者

採訪陳顥，最大的感想是，這人就是一個「跑者」。

跑者，指的是她年少時的田徑歷程，更指的是她的個性。陳顥的外型跟她的內心差異不大，交談過程你能明顯感覺這就是個沒有心機、開朗積極，不會瞻前顧後的人。不瞻前顧後只管全力往前衝出好成績，這是一名跑者需要具備的性格，但當把這性格放到現實生活中，總讓人為她捏把冷汗。

怎麼好好的音樂路就轉了彎去跑步，怎麼跑一跑就跑進了廚房，進了高餐明明念西餐，卻跨界跑到澳洲活佛素食中餐廳實習，畢了業回家照顧客家菜館，結果又來開了高檔火鍋店，而且還開在餐飲消費力還很弱的苗栗。

但就當你不停為她冒汗時，卻又發現她都跑出了自己的路，最終還把熹熹經營出自己的特色。所以，就跑吧！跑者就該跑，他們總能跑出自己的路。

夢想

艾比兒甜點

笑看充滿波折的人生路

郝彭宏

前言

「夢想這件事，即使趴倒了，也要趴著把它完成。」郝彭宏說，我從跟人家借廚房半夜做甜點，從一臺腳踏車擺攤做起，艾比兒的創業有很多波折與艱辛，「但我從來沒有放棄。」眼裡很發光的認真說完之後，他又開朗的笑起來了。

INDEX
艾比兒甜點
地址：新竹市香山區牛埔路53號
電話：0988-058984
網址：QR Code
營業時間：以接單取貨為主
東門店：新竹市東區大同路86號東門市場三樓3120室
營業時間：週五六日15:00-21:00

郝彭宏　小檔案

出生：一九八五年
學歷：淡水商工餐飲科；國立高雄餐旅大學休閒暨遊憩管理系
實習：高鐵公司
經歷：傳統西點麵包店學徒、米爾利甜點師
創業：艾比兒甜點，二〇一五年六月至今，客單價七十元

艾比兒甜點最早是單車路邊攤，臉書粉絲頁上的招牌照片是新竹教育大學附近巷子內的橋上停著一臺單車，單車後的木箱裝滿郝彭宏的手作甜點，而郝彭宏正站在單車旁翻著書，一旁寫著：「枯藤、老樹、昏鴉，小橋、流水、人家；西點、餅乾、鐵馬，夕陽西下，艾比兒抵家。」

這整張照片訴說的已經不是甜點，而是傳遞了一種怡然自得的人生態度，更進一步，它還傳遞了「艾力克斯」愛「比兒」這樣一個愛情故事，因此開賣沒幾個月就成爲新竹教育大學旁最美的風景，曾登上主流媒體版面，每天都有人專程來打卡朝聖。

這個單車路邊攤在經過多次升級後，目前已經在香山區有了小小店面，只是沒料到，因爲跟新竹市中心有些距離，加上成爲店面後反而失去了單車甜點那迷人特色，因此業績迅速滑落。目前郝彭宏除了持續做甜點、開團購，也到 Food Panda 接單打工增加收入，整個創業歷程很波折，事實上，郝彭宏的生命歷程也充滿波折，唯一沒變是他心中總有夢想，臉上總有笑容。

原住民血液裡的樂天與人來瘋

「我從沒想過我會進餐飲這一行，年輕時我一直追尋的，其實是演藝圈。」

開頭第一句話，就點出了自己的性格。郝彭宏從小就不怕上舞臺，有點人來瘋，喜歡與人聊天開玩笑，熱情性格很像搞笑藝人。這性格或許來自基因，父親是臺東卑南族原

媒體報導的剪報，是郝彭宏的珍藏。

橋邊的甜點單車店，是郝彭宏與女友黃睦婷的甜蜜夢想。　記者蔡昕穎／

橋邊腳踏車 滿載情侶的甜點夢

【記者蔡昕穎／新竹報導】在天氣晴朗的午後4點，新竹市食品路461巷中的重興橋邊，都會出現一輛載滿甜點的復古腳踏車，等著顧客光臨。這輛腳踏車除了甜食，還承載滿滿甜點與一對情侶的創業夢、以及打破人際交流的夢想。

31歲郝彭宏畢業於高雄餐旅大學，曾在台北造型蛋糕工作室服務，2年前決定為愛走天涯，追著女友黃睦婷到新竹生活，透過自己的甜點手藝創業，也要向女友家人證明自己。

「剛到新竹就租了間小小套房，」郝彭宏說，起初在新竹沒有爐具烤箱，幾乎每晚上坐車回台北借用烘焙器具，忙到天亮再扛著甜點搭車回新竹，下午騎腳踏車到橋上賣。

每次甜點腳踏車一出現，附近散步的居民立刻靠過來話家常；學生騎車路過，買點心順便和「店貓」咪咪玩耍。郝彭宏笑說，「現在不止賣甜點，還常有客人跑來傾訴心事。」

郝彭宏說，選擇腳踏車創業、當店面，人與人可以面對面，不再是顧客與老闆的關係，能享受跟人聊天的感覺，選擇在隱密的橋邊，也是因為裡是個風景，大家拐進小到我，會有驚喜。」

台北、新竹往返製作糕日子過了一年多，今年7兩人終於在竹蓮街191號較大空間，準備成立糕點室，臉書可搜尋「艾比兒」，「以後還是會去橋邊迎大家來找我們玩！」

店貓咪咪，跟腳踏車一樣都是招牌。

住民，雖然從小就在臺中與新北三芝等地長大，完全不熟悉部落也沒住過鄉下，但就是天生有著原住民的開朗樂天。

國中畢業後因為不愛數學，天真的心想學餐飲也許可以擺脫數字，於是進了住家附近的淡水商工念餐飲，沒想到的是，念餐飲反而天天都要計算食材重量、比例、溫度與時間，讓郝彭宏滿臉苦笑。就這樣渾渾噩噩過了高中三年，畢了業，心想繼續念餐飲也沒意思，因此轉了方向，考進高餐休閒暨遊憩管理系。

經濟壓力與虛晃的學生時代

郝彭宏截至目前的人生幾乎都伴隨著沈重的經濟壓力，並總因經濟壓力而扭曲了人生。那一年進高餐唸休閒系，如果能好好的讀書並考取導遊、領隊，搭上當時正紅的臺

多樣甜點，早期都是熬夜趕製，再從臺北揹回新竹。

灣觀光潮，郝彭宏的人生或許會很不同。然而，只唸了半學期，就因家境因素無力負擔學費與生活費因此辦理休學回到三芝，在朋友介紹下進入淡水一家西點麵包店當學徒，每個月少少薪水必須拿萬餘元回家幫忙。日子苦，環境逼人，郝彭宏還是笑笑認眞學手藝，並因此爲自己往後人生埋下了西點種子。

兩年之後，家中經濟情況稍稍好轉，念書的種子又在心頭蠢蠢欲動，於是郝彭宏申請復學回高餐，卻發現已經很難接得上。一方面是原先認識的同學都變學長，身邊的新同學都比自己小了兩歲，也不像自己已有了社會經歷，因此話題常常對不上；另一方面是家庭經濟仍爲難，因此雖然回到學校卻幾乎把大部分時間放在加油站大夜班打工；沒有談得來的同學，日夜顛倒打工賺錢，郝彭宏因此成爲高餐的獨行俠與最愛在課堂上睡覺的問題學生，並終於在三年半後以最後一名畢業。

「那時我心想，管他的，反正只要能混到文憑，有張畢業證書就夠了！」郝彭宏說：「然而現在回想，一張文憑眞的遠遠比不上好好讀書與好好跟同學相處，那種虛晃度日的空虛，隨著年紀愈大就愈覺得悔恨。」

停不下來的借貸人生

高餐畢業退伍後，之前埋下的西點種子開始發芽，還沒來得及對外遞履歷找工作，當年西點學徒時認識的朋友來就找郝彭宏合開西點工作室，主攻當時市場正要興起的「造型蛋糕」。於是，天眞樂觀的血液開始奔流，郝彭宏沒什麼多想就說好，但在籌備資金時，家中沒錢，各種青年創業貸款的審核都無法通過，最後郝彭宏心一橫決定以信用卡貸款方式借了二十三萬，後期又當保人協助朋友貸款，合計最高時身上揹了三百多萬債務。

龐大的債務壓力讓郝彭宏開始工作後的第一年根本無法正常領薪水，每個月只剩幾千元生活費，連續兩三年每天都吃不滿三餐，就算吃了也大多是麵包或泡麵。一直要到四年之後，郝彭宏交了現在的女友黃睦婷，事情才有了轉機。

為愛移居新竹創業

黃睦婷就讀輔大，那一年到造型蛋糕店內打工與郝彭宏相識，畢業之後，黃睦婷決定回新竹家鄉從事人力仲介；因爲不想遠距離戀愛，於是郝彭宏退出臺北造型蛋糕工作室拿回少少一筆錢並搬到新竹，先是到麵包店擔任西點二手，並很快決定自己創業。

「我還揹著債務，也毫無經濟基礎，但我知道，不能一直這樣下去，我的夢想是開家屬於自己品牌的甜點店。」於是，郝彭宏再次走險路以個人信貸方式向銀行借了二十六萬，然後花八千元買了一臺腳踏車，花了幾千元買木材後自己動手釘了一個木箱，再跟在臺北開西點麵包店的朋友講好商借廚房計畫，接著以自己的英文名字 Alex 艾力克斯，加上女友黃睦婷 Sarah 的暱稱比兒，取了「艾比兒」店名，以艾喻愛，然後，夢想開始了。

喵咪與女友相陪點燃夢想

「我租這個廚房是友情價，每小時租金只要八十元，但因爲西點麵包店白天要營業，所以我只能利用半夜做甜點。」郝彭宏說：「我每個禮拜五晚上搭火車到臺北，等他們打烊後我就進到廚房裡開工，每次連續做兩三天，深夜累了就直接睡在廚房裡

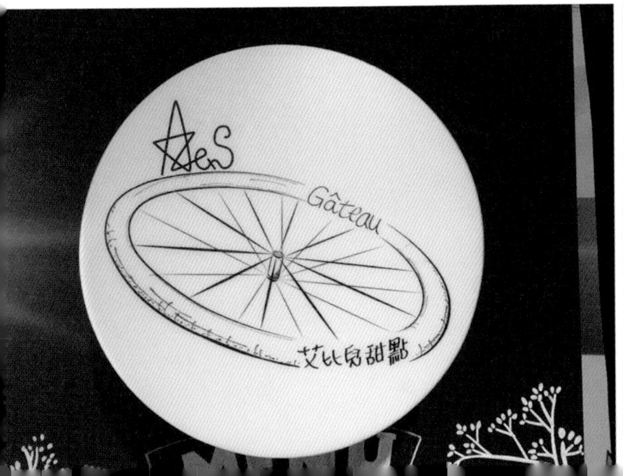

艾比兒甜點會不時更換口味，各種口味也都可以預約並客製。

的冰箱上，等到禮拜一再用保冷袋背著滿滿的甜點搭火車回新竹。」

「回新竹後，我把甜點放入腳踏車木箱中，再把店貓咪咪放到木箱上，接著騎到新竹教育大學後方的小巷子內開始賣甜點。」一般人覺得開店就該在大馬路邊，這樣才有人潮。「但我不要，我就是想要在小巷子裡，讓自己成爲巷子裡的一道風景。」

這個策略十分成功，「在巷子裡推腳踏車賣甜點的那個年輕人很會聊天，還有隻貓」，這件事迅速成爲新竹教育大學學生間的話題，很多學生開始來找郝彭宏買甜點，順便跟他哈啦幾句摸貓聊天，郝彭宏的人來瘋性格就此得到舞臺，最後有不少同學成爲他朋友並常專程來吃甜點聊心事。很快的，部落客來了，媒體來了，然後，「有人在巷子裡推腳踏車賣甜點」這件事成爲新竹熱門話題，於是常常郝彭宏連續做了三天的甜點，以往可以賣四天的量，後來變成一天就賣光，讓他不停在臺北與新竹間奔波，熬夜做甜點。

隨著銷售量變大，郝彭宏決定在新竹自己租工作室，並從最初的竹蓮路搬到目前的香山區牛埔路，從路邊的腳踏車攤與租借的夜半廚房，成爲終於有了個人廚房與小小店面的工作室，不用再提著保冷袋搭火車奔波，但沒想到的是，因爲失去單車特色與距離市區較遠，顧客人潮快速流失。

不要放棄夢想

全新的轉機是，由新竹市政府利用東門市場三樓閒置空間爲青年創業全新推出的「東門青年基地」在二〇一九年十二月間成立，艾比兒在此擁有一個三坪空間，目前正利用這裡爲基地，逐漸讓自己回到新竹市區與新竹教育大學的橋邊，正努力重新成爲新竹的一道風景，重新銜接自己的夢想。

這一天，郝彭宏在廚房裡認眞研發全新的造型蛋糕與彌月禮盒，也一邊作著招牌的烤布丁、磅蛋糕、檸檬糖霜與布朗尼等甜點，女友比兒也特別請了假來幫他看店。走過許多波折，經濟壓力很大，到現在還是很少有機會好好吃大餐，但郝彭宏還是滿臉的笑，他說：「我希望有一間自己品牌的甜點店。夢想就在前方，我看得到，而且有比兒陪我。」比兒則是看著郝彭宏，眼裡一直有著光芒。

給學弟妹的一句話：

這幾年臺灣的經濟狀況不佳，餐飲環境競爭極大，創業者多，失敗的也多，如果眞想創業，建議多等四、五年，也許屆時臺灣的政治經濟環境會穩定些，才不會那麼辛苦。而一旦開始，就不能放棄。

採訪後記

採訪這一天，當郝彭宏說他參與朋友的甜點店投資與作保，二十多歲就背負三百多萬債務，連續幾年三餐都吃不飽時，我忍不住跟他確認了很多次。「為什麼領不到薪水？為什麼要去做保？為什麼要信用貸

款？三餐吃的是什麼？」這時，他不像很多人會覺得自己悲悽，而是開心的笑著說：「哈！對啊！」

然後，在艾比兒甜點店創業初期，他說自己半夜做甜點，累了就睡廚房冰箱上，還有一連串的吃虧與被欺侮等事件時，我已經沒那麼訝異。我開始理解，眼前這人，沒有口音，沒有待過部落，但他血液裡就是佈滿了原住民的天真樂觀與吃苦DNA。

艾比兒的甜點是好吃的。烤布丁與磅蛋糕滋味都很好，可以想見為何當年他在新竹巷子裡賣甜點可以引發熱潮。但採訪同時也確實能感覺到，這人性情樂天隨性，不失自我風格。

我請郝彭宏自己挑兩個字來形容他自己或這家店，他說：「堅持」。我說不對，是「夢想」。他自以為的堅持，其實來自於樂觀，來自於從沒放棄的夢想。儘管生命很多波折，儘管很隨興，但當夢想結合了樂觀與笑容，「就這樣吧！甜點，總會是甜的。」

認真

波波加洛西式餐館

讓食物回到該有的本質

陳韋丞

前言

因爲家境因素，從小陳韋丞就了解，對於自己選擇喜愛的事物，都必須要認眞對待，只有眞誠面對，才能得到好的成果，也會有更好的未來。面對食物，陳韋丞的態度也非常認眞。他說：「餐飲也是個流行時尚業。」包含食材、裝潢、擺盤、料理風格……，它們會跟著潮流不停流轉，但我們不能忘記的，是食物的本質，「好吃是最基本的」，更重要是你得讓人吃得好、吃得飽，吃得到食物它原本的樣子，而不能只有流行與花俏。

INDEX

波波加洛西式餐館

地址：高雄市鹽埕區大義街105號

電話：07-5210178

網址：QR Code

營業時間：11:30-14:00, 17:30-21:00；週二公休

陳韋丞　小檔案

出生：一九八四年
學歷：高雄三民家商餐飲科，國立高雄餐旅大學四技部西餐廚藝系畢
實習：臺北喜來登十二廚
證照：中餐丙級、西餐丙級
經歷：晶典酒店工讀、統一夢時代、帕莎蒂娜、高雄餐旅大學廚藝學院週講師、三民家商餐管科西餐烹飪教師
創業：波波加洛西式餐館，二〇一五年三月至今，客單價四百—六百元

波波加洛是義大利文「鸚鵡」之意，用中文唸，拗口難記，但用義大利文發音，Pappagallo，唸的時候你會感覺舌頭與嘴唇要相互彈個幾下，發出的音調非常可愛且充滿韻味，很容易就唸上了癮。

那個唸上癮的感覺，就跟波波加洛的菜會讓人上癮一樣。波波加洛賣的是歐陸料理，菜單品項不多，但每一道都充滿彈舌好滋味。例如「爐烤脆皮鴨胸佐波特酒醬汁」，當焦脆鴨皮與鮮嫩鴨肉一起咬下，呈現的不只那脆與嫩的口感衝突，迅速出來的還有波特酒醬汁的濃稠，以及鮮炸青龍辣椒的香氣與清爽，搭配主廚自己用杏仁、核桃、松子調製的堅果粉，以及用九層塔、巴西利與蔥熬製的香草油，一種豐腴感覺就在舌尖流轉。

又例如最招牌的「波波加洛花園沙拉」，裡頭佈滿各種元素，羅曼生菜、食用花卉、風乾番茄，還有玉米、小黃瓜、花椰菜、秋葵、蓮藕片……，或煎或烤或保留清脆生鮮，每一口咬下，都讓味蕾彷彿深陷五彩花叢，到處都是顏色與滋味。

最重要是，這些菜呈現的都是食材原本滋味，沒有人工與化學添加，各項食材也均講究健康安心，例如橄欖油一定都有歐盟認證，從奶油到番茄都經過挑選，而且菜色份量都頗足，加上地理位置適中，距離高雄駁二藝術特區不遠，且鄰近捷運鹽埕埔站與愛河，因此從二〇一五年開幕後，除了吸引不少高雄在地居民前來，因口碑而造訪的外地觀光客也很多，基本上假日午餐、晚餐與平日晚餐都會客滿，是高雄人氣名店。

波波加洛招牌脆皮鴨胸，入口滋味非常豐腴。

波波加洛各種食材都有其品質與用心的質感。

所有的一切，都要用雙手一點一點，認真與踏實的做，這是陳韋丞的人生哲學。

認真看待生活　想要的就要去爭取

創辦這家波波加洛的，是高雄在地人陳韋丞。「二十多年前的高雄巨蛋周邊還是一整片的稻田。」陳韋丞說：「那時我家就住那邊。」不只周遭荒涼，家境也相對較艱難，國中畢業後，考量學費與交通費問題，因此選擇住家附近且為公立的三民家商餐飲科就讀，畢業後花了半年打工賺學費，再花半年準備重考，順利考進高餐四技部西廚系。

「高餐四年，除了廚藝實作課至今仍印象深刻外，我最無法忘懷的是劉滌凡老師的書法課。」陳韋丞說，劉老師的書法課是通識課程，但總是秒殺額滿，非常不容易選到。「那一年，我還是沒選到，於是我直接去找劉老師，當面向他表達我對他書法的仰慕，並拜託老師給我機會。」

波波加洛花園沙拉，多樣料理手法匯集，口感很繽紛。

主動拜託老師希望得到上書法課這件事情，充分反映陳韋丞的性格，面對想要的，就要積極看待，努力去學，努力去爭取，也正因爲這樣的認眞與爭取，「最後劉老師破例將他平常上課時坐著寫書法的示範座位讓給我。我非常感謝。」賈伯斯曾說：「如果沒有書法，或許就沒有今日的蘋果電腦。」書法的美學訓練，內化且深遠，也或許是當年如此爭取與書法訓練，讓後來的陳韋丞因此在擺盤上有一定的美感。

同樣能彰顯陳韋丞認眞且負責任性格的，就是服兵役時，陳韋丞被分配到臺東一處營區擔任食勤兵，每天要做飯給三、四百名官兵吃。那時營區用的還是煤油，用磚頭搭爐子，陳韋丞就每天在這樣的克難環境下做菜；通常義務役老兵都是退伍前一個月就不再工作，把所有事情交給菜鳥新兵，但陳韋丞沒有，他就一直默默守著該他負責的工作，「直到退伍那天，我還煮完中餐之後才去辦理離營手續，認眞的做一天和尙撞一天鐘。」

帕莎蒂娜磨練　廚藝更上層樓

退伍回鄉之後，陳韋丞與多位同學一起進入統一夢時代主題餐廳負責西餐與簡易的歐陸料理，並在工作兩年多後進入帕莎蒂娜，在帕莎蒂娜三年總計待過青海路店與河堤旗艦店，幾乎接觸過所有冷檯、熱檯、湯區、砧板與製麵各主題與各項頂級食材。

在帕莎蒂娜工作期間，上下班時間常會經過一家臺菜餐廳「老新臺菜」。陳韋丞說：「老新臺菜老闆的兩個兒子是我學長和同窗，我一直知道他們家的餐飲技術很高端，家世也很好。那一天又經過他們店門，看到老闆正在豔陽下搬貨與整理環境，我覺得被撼動。因爲我看到的是一個比我優秀，比我有能力、有成就的長輩，卻依舊持續的比我還認眞在工作。」

就這樣，原本已經更認眞的陳韋丞，從那之後又更認眞學廚藝，甚至休假時間也偶爾回到帕莎蒂娜找資深師傅聊天博感情，以便從那過程中得到更多關於餐飲的知識跟技術。「很多東西會失去，但學到的技術，是偷不走的。」

降低物慾　提早存錢

在帕莎蒂娜工作三年多後，陳韋丞決定創業，「趁年輕，有體力，拼拼看，也當成是對自己這麼多年投入廚藝工作的成果展。」只是讓人訝異的是，這時距離陳韋丞退伍也不過五、六年，一般廚師薪水並不高，原生家庭經濟狀況也無法提供協助，陳韋丞如何能有創業基金？

「其實，存錢真的不難。」許多人創業階段，最大問題來自於資金，「存錢心法只有一個，就是降低物慾。」剛退伍時進入餐飲圈，確實薪資很低，多數都是二萬多元起薪，努力二、三年後也大多只調到三萬多元。「但我從學生時代開始存錢。我的英文好，當家教，一堂課四百元，平常每個月利用空閒時間就能有二、三萬元收入，到了寒暑假拼一點，一個月都能存下五、六萬元。」

波波加洛餐盤總有繽紛色彩與多樣創意。

波波加洛每一道菜，背後有個共同靈魂叫認真。

「事實上，如果我讓自己持續當個家教老師，薪水可以很好。但我很清楚知道，我畢生所學都是餐飲，如果爲了眼前的利益而放棄自己努力了這麼多年的技藝，我之前的學貸與投資，就都將失去意義。」陳韋丞說，很多事不能只看眼前的些微小利，而是要好好看向未來的目標，當目標夠堅定，當意志夠堅強，這時降低自己的物慾來存錢，就沒有那麼困難。

進駐老城區　波波加洛誕生

一決定創業，陳韋丞的認眞與積極性格又開始展露無遺，並很快在原先設定的鹽埕區找到波波加洛現址。「這裡離駁二跟捷運站都近，有觀光客也有在地人，老城區房租合理，我對這一區也熟悉有感情。」所有的一切，在創業前都已思考過，因此波波加洛一開，沒多久就開始傳出好口碑，甚至附近居民有些還主動來與陳韋丞打招呼，謝謝他在逐漸蕭條的老城區開了一家有質感的店，讓街坊找回一點人氣。

現在的波波加洛名氣大，慕名而來的不少，但老客人也很多，陳韋丞也依舊維持他那認眞積極的性格。「其實昨天我休假，但我在家坐著，想了想，還是又跑到餐廳來把今天要用的鴨腿先處理起來，提前點弄，讓它可以有更好的品質。」

「其實我一直都這樣，從以前到現在，放假的時候都還是會跑回餐廳，因爲我知道，多做一次，就多一次的經驗，而那經驗與技術，會永遠跟著你。」「但我很少跟人家說，因爲不管多累都不用讓人家知道，重點是可以端出成果。」

在波波加洛，所有美好的餐飲體驗，背後都有個靈魂，叫認眞。

給學弟妹的一句話：

在每個階段都好好盡力，扮演好你的角色，不要讓未來留下遺憾。

採訪後記　認真的人生

採訪這一天，陳韋丞講了一個很動人的故事。他說：「前幾年我母親過世，出殯那天，父親換上他平常穿的工作服，我們問他，今天還要去上班嗎？我爸說不是，因為要穿這樣，你媽媽才認得我。」

這話聽在我耳中，有很強烈的撼動，它可以代表很多事情，可以感覺它充滿故事，但我必須求證陳韋丞是

怎麼看待這件事。於是我問他：「這故事對你而言，代表了什麼？」他沒有思索的立刻回答：「要認真工作啊！」

我很錯愕是這回答，但我很理解。整個採訪過程，可以看到陳韋丞如何認真的面對他的工作、他的技術、他的人生。他甚至很明白表示：「我會尊重所有人，尊重不同的個性，但確實我是真的沒辦法跟不認真的人好好相處。」

這是一個認認真真看待人生的人。他說：「鞋子部分，我都穿工作鞋！耐穿也好看。」但就這樣一個對生活很嚴謹的人，卻開了一間有著可愛鸚鵡 **Pappagallo** 名稱的店，開了一家菜色擺盤如此優美的店，創造了一個讓人感覺浪漫的店。

我回憶起以前曾採訪過一位留德音樂家，那位音樂家說，很多人以為法國人浪漫，德國人古板，其實沒有。去思考看看，最能敲動你靈魂的音樂家，巴哈、韓德爾、貝多芬、孟德爾頌、舒曼、華格納、小約翰史特勞斯、布拉姆斯……，他們都是德國人，德國人的浪漫跟法國那種表面的浪漫不一樣，他們是卡在骨子裡頭的浪漫。

說不定，陳韋丞的靈魂也是德國人，但不用堅持工作鞋啦！

無懼

安步良食・誠食料理製作所

笑著承擔生命

鄭婷如

前言

十五歲那年，鄭婷如從臺北南下到高雄讀書，離家獨立生活，從此做出很多超齡的事。十七歲就毛遂自薦到一家麵包店學烘焙，二十歲搬到花蓮定居，二十一歲就拿爸媽房子去貸款開烘焙店，二十五歲擔任聯合利華在宜蘭花蓮地區的業務代表……。經歷許多風雨後，現在的她回到媽媽小時候成長的宜蘭老房子，在一個超過五十年歷史的老廚房裡，烹調著充滿人本滋味的便當，以安穩的姿態，傳遞著美味與溫度。

INDEX

安步良食・誠食料理製作所

地址：宜蘭縣宜蘭市慈安路55巷61號2樓（門口位於慈安路55巷巷底）

電話：0972-272812

網址：QR Code

營業時間：週一到五／11:00-14:00；週末公休

鄭婷如　小檔案

出生：一九九三年
學歷：國立高雄餐旅大學五專部餐飲廚藝科
實習：LE GOUT 麵包店
證照：中餐丙級、烘焙丙級
經歷：花蓮大王菜舖子／農產品加工研發、花蓮兆豐農場／解說員、花蓮縣政府觀光處／約僱人員、聯合利華飲食策劃／助理銷售顧問
創業：花蓮小滿麥拾（二〇一四年十月），安步良食（二〇一八年九月至今），客單價一百五十元

跟「安步良食・誠食料理製作所」的主人鄭婷如訂位或訂便當後，有時她會傳張地圖給你，甚至傳個從宜蘭火車站出站後如何步行到此的影片檔，一開始不懂為何要這麼麻煩，等真的前往後馬上知道，儘管地址清清楚楚，但真的就是不容易找到，安步良食位在一條大馬路旁卻又相當曲折的小巷裡。

原以為這麼難找，客人抵達時都會唸幾句，結果沒有。店裡常出現的對話是：「這次味道應該會比上次的重一些，這位小農的農法有點不同。」或是客人會說：「我那天跟朋友提到妳，結果他說也來過。」那不是客人與老闆之間的對話，而是朋友與朋友間的對話。鄭婷如說：「是的，因為我們這邊超過百分八十都是常客。」

鄭婷如的主力商品是便當，不是排骨或雞腿便當，而是會一直跟著季節與物產調整菜色的便當，通常會有一碗十穀飯、一顆人道平飼水煮雞蛋，接著，或許當季絲瓜、烤蔬菜、炒豆苗等蔬菜，然後主菜三杯海鮮

安步良食由老房子整裝而成，很簡單，但很有人的味道。

或嫩煮雞胸或韓式燒牛肉，依品項自己挑選，一個便當盒大概一百到一百五十元，內用大約二百多元。偶爾遇到耶誕、情人節、中秋、端午，也會做點拿手的麵包或是蛋黃酥、粽子等應景商品。

她用的食材都非常好，但這個好不是指最貴最頂級，「我指的好是一種宏觀的好，要看它對身體、對土地、對環境好不好，要看它是否公平？有沒有剝削。」她賣的便當，是一種帶著文化與味覺記憶，想要傳遞人情與友善土地態度的便當，「那個味道，我把它叫人本」。

性格決定命運　活潑帶來好運

鄭婷如是臺北小孩，從小在北投、天母一帶長大，個性活潑獨立的她，國中畢業後只想上師大附中，但沒考上，「於是我就想，反正我從小就愛吃，從小就常跟爸媽一起進廚房，那就去念高餐好了。」

「好笑的是，我進高餐後第二個學期，臉上就突然冒出一顆愛吃痣，也許我眞是天生要吃這行飯。」

在高餐念書期間，鄭婷如就很超齡與獨立。有一年放暑假回到臺北，每天清晨都到天母磺溪旁慢跑健身，「那時溪邊有家麵包店，每天清晨它就亮起一盞小燈，在清晨霧氣中散發著一種浪漫。我每天看著看著，感覺愈來愈強烈。」於是這一天，鄭婷如直接跑進這家麵包店找人攀談聊天，就那麼湊巧，麵包主廚是大她十多歲的高餐學長，那天之後她每天慢跑完後就直接進麵包店幫忙打雜與學習，沒有支薪，但換來了很不錯的烘焙基礎與美食概念。

專四實習那一年，透過另一位學長介紹進入 LE GOUT，成爲 LE GOUT 第一位高餐實習生。這店在烘焙業界相當知名，主要在於出資者「苗林行」是臺灣最主要的麵粉進口商，許多高級烘焙店的高級麵粉幾乎都透過苗林行取得，時任店長野上智寬在烘焙業界頗有知名度，且其所在空間就是當年麵包師傅吳寶春準備出國比賽前的練習場，這更讓 Le Gout 帶著一點傳奇色彩。

在 Le Gout 實習，一開始只能打打雜，有一天，主廚臨時缺人手，

鄭婷如的烘焙與甜點有深厚底子，每年中秋訂單忙忙忙。

於是請幾位實習生一起進廚房幫忙滾麵糰，「沒想到滾了一天之後，主廚誇我滾得好，從那天起我就進到廚房再也沒有離開過，整整一學期學了無數技術，而其他實習生，整個學期都進不了廚房。」

因爲幸運被挑選進入廚房，鄭婷如在 Le Gout 實習期間如魚得水，加上學校形象好，高餐學生外出實習常有光環效應加持。「Le Gout 老闆非常喜歡高餐的學生，所以那時只要有研討會就會叫我一起去。因爲這樣，我看過許多活動，也接觸過很多食材，特別是選手級食材。」

人的際遇，有時天註定，但也往往跟個性與待人處事態度很有關係。如果不是前一年鄭婷如活潑且積極的走進天母那家麵包店，如果不是湊巧遇到高餐學長願意教，如果不是那一天就剛剛好只有鄭婷如把麵糰滾得最好，或許就不會讓她奠定紮實的烘焙基礎，人生路也就或許很不同。

安步良食以便當為主。但也可以店內享用。

安步良食有個小小門廊，幽幽靜靜，與店名同時呈現一種安穩放心的感覺。

鄭婷如說，每個食材都有其選用的理由，這個滋味，叫「人本」。

花蓮山海生活　二十一歲貸款百萬創業

Le Gout 實習結束回到學校後，開始準備畢業展，幾位同學以微型創業跟慢食為主題進行規劃，並因此認識許多小農與位於花蓮壽豐鄉的「大王菜舖子」，也在這段時間因為感情因素而接觸禪行；畢業之後，在繼續升學、前往澳洲打工渡假等眾多人生道路上，最終因為想留在臺灣繼續禪行，也恰好此時大王菜舖子邀請前往花蓮，因此鄭婷如決定留在臺灣並搬到花蓮，在美麗的花蓮山海之間自己下田，全心投入產地到餐桌與禪行的學習。

一年之後，當時交往的一位烘焙師男友談及創業開店夢想，鄭婷如說好，但條件是留在花蓮。這一年，二十一歲，剛剛畢業一年，鄭婷如就很勇敢的在心臟也很大顆的父母支持下，把家裡的房子拿去貸款並辭去大王菜舖子工作，男友也辭去臺北知名烘焙店高薪主廚工作，兩人一起到花蓮開了「小滿麥拾」麵包甜點早午餐複合店，並在一年多後因情感變化因素離開小滿麥拾，並開始持續二年多的打工生涯，包含前往花蓮兆豐農場當解說員、到早午餐店當廚師，以及在花蓮縣政府觀光處擔任約僱人員一年，並在此熟悉公務部門文化與運作。

從雞粉事件　學懂尊重他人

這段時期，雖然工作重心從烘焙轉向觀光，但仍一直關心著餐飲美食圈動態。「那一天，我看到一位我很敬重的前輩在臉書分享聯合利華公司將要舉辦一場臺菜老師示範雞粉如何運用的課程，這讓我非常錯亂。」「一直以來，我們都被教育烹調時要運用天然食材，排斥添加物，但為什麼這位我所敬重的前輩要分享這樣的課程？我開始思考，要批評別人或要討論事情之前是不是都該先去理解再下定論？」

恰好這時，與花蓮縣政府的約聘期滿，也正好聯合利華公司招募花蓮宜蘭地區業務，鄭婷如就此進入聯合利華並從花蓮搬到宜蘭，並陸續認識四、五百位宜蘭、花蓮地區的主廚與餐飲圈人士，奠定人脈基礎，也看到整個餐飲圈更廣的面貌。「現在的我，做菜時還是不會用雞粉，但我不再那麼排斥別人用雞粉。確實很多店家他們缺乏從天然食材來調製好滋味成本與時間，甚至沒有那樣的能力，他們不像我們受過專業訓練，我自己不用，但應該要能尊重他人的困境與他們的選擇。」

安步良食誕生

在聯合利華工作十分穩定，待遇也不差，「但我還是有我的創業夢，我一直都想開個便當店。」那一天，恰好來到母親兒時舊居，看到這棟歷史悠久的老房子閒置荒廢，安步良食就此誕生。

取名「安步良食」，就是希望能夠透過健康食物的味道，把安步當車那種恬靜與安貧樂道的安穩態度帶進日常生活中。「我辭掉聯合利華工作，自己攪水泥，自己油漆，把一個廢墟慢慢變成現今安步良食的安穩模樣，把媽媽的幼兒回憶慢慢擦亮。」

雞胸肉是當前健身者的最愛，低脂高蛋白。

「以前的我，開那家小滿麥拾烘焙店時，什麼器材都要用最新最好的。一座烤箱五十萬，精緻的桌椅、碗盤；但現在，我用的是一萬九千元的中古烤箱，然後買個石板，雖然效果有差，但滋味還是很棒啊！」

「一開始我沒什麼錢，只能用慣行農法的蔬菜，現在生意比較好後就開始跟有機小農合作。」

「每個禮拜換菜單，牛雞豬魚不一定，跟著季節調配不同的滋味與蔬菜，有常客說吃了三個月還沒吃到過重覆的菜。但只有雞胸是固定的，它很適合那些愛健身的常客，高蛋白又低脂。」「現在口碑還不差，夠養活自己，我也跑市集、接外燴，也做粽子、月餅、聖誕餐。」「希望生意愈來愈好後，穩定下來，未來如果父母回來宜蘭，我就能在這邊就近照顧他們，大家一起在宜蘭生根。」

在這個地址很難找，已經五十多年歷史的老廚房裡，飄散著的，不只是飯菜的香氣，還有那對土地與家人的情感，飄散著的，是一股充滿著以人爲本的味覺記憶。

給學弟妹的一句話：

用心腳踏實地，不能只靠小聰明。

採訪後記　笑著享受與承擔

採訪鄭婷如這一天，她的爸媽剛剛好休假來到宜蘭，於是就剛剛好待在店中靜靜聽記者跟他們女兒的對話。全程二個多小時，他們一句嘴都沒插，就是靜靜聽著。反而是我忍不住了。在聽到她剛剛畢業，才二十一歲那年就把他們的房子拿去貸款上百萬跟男友投資開烘焙店，我問坐在一旁的鄭爸爸：「您怎麼會同意這樣的事？」

鄭爸爸笑了笑說：「她們姐妹倆是我們教的，從小我們就鼓勵她們要獨立，要有自信，做什麼都好，但

弄破碗盤
要賠錢
大 150元
中 100元
小 50元

安步良食
誠食料理製作所

要對自己負責，而只要我能力所及就會給她們最好的，支持她們，所以她們從來不怕犯錯。」

突然間我就懂了，難怪鄭婷如活得那麼自在。那是一條幾乎沒有拘束的生命，想到高雄念書、想去花蓮定居、想到宜蘭開店，鄭婷如的生命軌跡幾乎都隨她自己的意，就像麵包的酵母跟著意念與溫度不停變化。

這一天，鄭婷如一邊說著，一邊笑著，談起自己的戀愛史，談起對禪行的感動，談起現在的自己比年輕時更懂謙卑也更懂柔軟與包容，談著剛畢業年紀輕輕就獨自到花蓮生活被蚊子叮得滿身，談起剛到花蓮縣政府觀光處工作的第一天就被主管丟了個上百萬預算案子讓她負責。這個年輕的生命，活得沒有任何恐懼，總是依著自己的信念去走自己想走的路，面對自己的選擇，笑著去享受，去承擔。

行動不便的父親，養出了心境最自由的女兒。

溫度小館

羅敏文

重新擁抱生命的恬淡

前言

在二十三歲即將從世新廣電畢業那一年，羅敏文被宣布罹癌，奇蹟復原後，人生轉彎到餐飲。那一年，在風雪之夜的法國 Colmar 一個小餐館中，一對老爺爺與老奶奶以充滿溫度的服務爲她送上溫度正好的阿爾薩斯地方風味菜，「那是影響我人生很重要的一餐」。現在的羅敏文，每天自己上菜市場挑魚買菜，用很好的溫度服務少少幾桌客人，創業之路沒有汲汲營營，只有恬淡。

INDEX

溫度小館 Chaleureux

地址：臺北市信義區莊敬路391巷3弄16號

電話：02-27580838

網址：QR Code

營業時間：11:30-15:00, 18:00-22:00，每週三公休

羅敏文 小檔案

出生：一九八〇年
學歷：高雄道明高中普通科；世新廣電；國立高雄餐旅大學西餐廚藝系畢
實習：臺北君悅飯店寶艾西餐廳
證照：中餐丙級、西餐丙級
經歷：Forchetta 叉子餐廳、NONZERO 非零餐廳、Nuage 雲端餐廳
創業：溫度小館，二〇一五年十二月至今，客單價六百元

溫度小館位於臺北市莊敬路，夾在臺北一〇一大樓與臺北醫學大學這片鬧中取靜的巷子中，外觀與招牌都是低調深藍色，匆匆走過很容易錯過，如果不是門口那小小黑板與小小布簾，外加一個醒目豔紅小春聯寫著個「柴」字，多數人不會發現原來這裡有家餐廳。

推開門，部分牆壁依舊深藍，但櫃檯前的一整片紅磚，加上沒有粉刷的屋頂與水泥牆，一種歲月的溫度感緩緩飄散；少少幾張原木色澤桌椅，加上自然透進的午后陽光，交會出一種宛如義大利小酒吧的溫暖。走到餐廳最裡頭，一個小小的刻意隔開的空間中有著三隻可愛柴犬，這才突然讓人會心一笑，理解了門口春聯那個「柴」是什麼意思。

溫度小館，賣的是溫度，那是來自空間氛圍的溫度，更來自於菜的溫度、盤的溫度、人的溫度。那人的溫度不見得表現在笑臉，而是整個空間刻意讓桌椅減少，讓客人與客人間的距離能拉大，且不管刮風下雨每

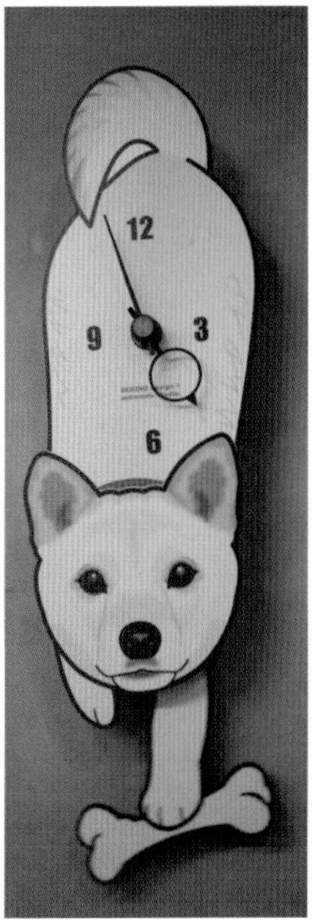

天都親上菜市場挑食材，那是一種不貪不求，只希望讓客人舒服些、溫暖些的溫度。

人生轉彎　從廣電到餐飲

負責調控這溫度的是羅敏文。原本念的是世新廣電，二十三歲那一年，在準備大四畢業作品時，因爲忙碌到三餐不定時又常憋尿，經常感覺下腹部疼痛，原以爲是過度疲憊與尿道炎，到萬芳醫院檢查想拿藥，結果超音波一照，醫生宣布「有東西！」羅敏文說：「那天晚上我就搭飛機回高雄，從此再也沒有回到學校過。」

在家人陪同下再到醫院詳細檢查，確認是卵巢癌，而且一宣布就

溫度小館裝潢很簡單，但有一種很舒服的南歐小酒館溫度。

是末期，推測已轉移到肺部。從那天開始，羅敏文一邊化療，一邊心想就算要死也該拿到畢業證書才對得起這些年的努力，因此拖著病體在同學幫忙下於病床上將學業完成，並在覺得可以瞑目的笑聲與淚水中拿到世新的畢業證書。

奇蹟的是，或許因為年輕，經過一年多的化療與食療後竟然逐漸康復。那一年，羅家一起討論接下來她的人生路該怎麼走，所有人都反對經常日夜顛倒的媒體業，「但我真的很喜歡傳播，喜歡創意與多變。」左思右想，想到食療時每天接觸的食材原滋味，想到其實食物可以充滿創意，「而且廚師再怎麼忙，最晚十一點也該可以下班了吧。」

有了方向，但怎麼開始？有人建議到餐廳當學徒，「但我爸堅持知識就是力量，他是國中數學老師最重邏輯，強調一定要有理論基礎才有向上發展的空間。」於是那一年，身體病懨懨，頭腦仍舊無比清明的羅敏文，只花了短短三個月準備就順利考上高餐西廚系。

永遠提早一個小時到

羅敏文是個適應不良的「老學生」，同班同學有的還沒投票權，但自己已逼近二十五歲，「更難的是，那時高餐學生要住校、穿制服、打掃、還要檢查頭髮長度，天啊！我在世新時頭髮是綠色爆炸頭耶……。」

儘管不適應，但畢竟連鬼門關都走過，「而且我很清楚知道自己的目標，所以我讓自己適應校規，然後每天去圖書館念大量的書。」「那一天上課，有位高中就念餐飲的同學嘴裡叨念著：搞什麼？連美乃滋都不會打。於是那天晚上回去我就不停練習打美乃滋直到熟練。」「又例如我會買十條不同的魚，在書桌前練習不同的魚怎麼殺，或買一堆蘑菇，整晚練習如何雕花。」

沒有徬徨只有積極，讓羅敏文成績一直都是班上前兩名，「大三實習那一年，大家按成績排下來，我是班上第一個選填志願，在老師建議下進入臺北君悅寶艾西餐廳。」「寶艾的最大好處是就它在華納威秀旁，這樣我有空班想看電影就很方便。」心裡想得美，沒想到第一天九點到公司，發現工作根本做不完，於是第二天八點半到，第三天七點半到，「最後別說看電影，我忙到幾乎連太陽都看不到。」但也因為自動提早上班的積極，讓羅敏文三個月後就有機會碰肉碰爐，進而熟悉整個餐廳廚房流程與

長期用心練習，現在的羅敏文，跟魚很熟。

運作。提早到，不只讓自己有更充裕的時間去準備，更會影響別人的觀感，進而讓自己得到更多的機會。「這個提早到的習慣，我持續到今天。」

愛上菜市場

高餐畢業前，羅敏文就已決定未來要到臺北，「那時高雄的精緻餐飲還沒興起，臺北能學的東西比較多，而且我的第一志願就是叉子。」「叉子」Forchetta 位於臺北安和路（已搬到臺中），是知名的歐陸創意料理餐廳，老闆每天自己上濱江菜市場挑魚，依循二十四節氣食材上菜。「我第一次造訪這餐廳時就愛上，於是畢業前幾個月開始，我每隔一段時間就親自來遞履歷，老闆也從一開始的冰冷到最後跟我說，等妳畢業，我會留一個位置給妳。」態度積極，就有可能改變很多事。

叉子的經歷也讓羅敏文開始注意到菜市場、節氣與魚鮮，並在隨後的 NONZERO 非零餐廳擔任廚師期間養成每天到濱江市場買菜的習慣至今，直到三年多後前往法國世紀主廚 Paul Bocuse 開設在里昂的廚藝學院學藝。

遇見法國的溫度

Paul Bocuse 廚藝學院是高餐姐妹校，羅敏文來此學藝半年，之後續留法國念語文與認識酒莊，並在聖誕節時與一群同學前往科爾馬 Colmar 城市旅行。這一天，聖誕假期，多數餐廳都歇業，在風雪中，突然一間餐廳 Restaurant du Marche 出現眼前，門口貼著米其林推薦與許多獎章。於是一行人進去，裡頭賣的是阿爾薩斯地方風

溫度小館的室內空間與食物，都有著很好的溫度。

味菜，全場只有一位老奶奶服務四、五桌約二十多位客人，但讓人訝異的是，每道菜送上來時的菜餚溫度與盤子溫度都有著讓人驚豔的完美。

用完餐後，羅敏文向老奶奶自我介紹，謝謝老奶奶提供了美好饗宴，很快的廚房裡的老爺爺也出來熱情招呼。羅敏文說：「那是影響我人生很重要的一餐。我在他們身上看到的，是不管再忙再累都有著笑容與職人精神。我那時心想，如果未來我要創業，就要創一家像他們一樣把所有溫度都控制得完美的店。」

溫度小館誕生

回到臺灣，羅敏文認識了現在的合夥人，然後，溫度小館誕生。「溫度小館的中心思維就是溫度」，這個溫度不只對客人，也照顧員工，例如少排幾張桌椅並在餐廳後方隔出一個空間讓員工隨時可以休息，每位員工都像家人夥伴。

溫度小館除了一個簡單公告營業時間的粉絲頁外，幾乎不做行銷也不接受採訪。「我念過廣電，很多同學現在都是記者，我可以很輕易找到媒體來採訪，但我從來沒有，因爲我知道媒體威力，我不想去碰觸不該屬於我們的客層，我們寧願好好面對每一位自己走進來的客人。」羅敏文說：「我們也不太看網路評論，但如果現場客人東西沒吃完，就一定會仔細詢問爲什麼，並記住這位客人的喜好。」

在溫度小館裡，有一種很閒適、很恬淡、跟外面溫度不太一樣的溫度。

給學弟妹的一句話：

先相信自己一定會失敗，但是要有不能失敗的決心。然後，要設立停損點，眞的不行了就當機立斷，在自己還有能力償還時做了結，關店或賠錢都沒關係，最重要是，不要拖到讓自己失去信心。

採訪後記

溫度小館不太接受媒體採訪，但網路上還是有許多體驗分享文，其中許多篇都提到：「生意很好。」

簡單的生菜但充滿多層次滋味。

不宜錯過的雞翅。

溫度小館的老闆與員工都像朋友與家人，感情很好。

羅敏文說，確實有一段時間生意極好，好到大家常常忙到半夜還在準備隔天備料，好到那時只要公休，她就安排全餐廳員工一起去按摩。如果那時多聘幾位員工或開分店，溫度小館會更紅，「但那不是我們想要的生活啊！」所以羅敏文的作法是明明還有空位，但覺得夠了，累了，就會跟客人說「不好意思，我們客滿了。」而且連聖誕、情人節等大節日也不翻桌，不壓縮客人用餐時間，然後又默默撤掉幾張桌子規劃成員工休息空間。

在賺錢與品質之間，在賺錢與照顧員工之間，羅敏文都把賺錢擺第二位。她說：「我二十三歲之後的壽命都是撿來的，何必浪費在賺錢上面。人生愉快很重要，錢夠用就好。」因為覺得夠用就好，所以有時一斤節瓜貴到二百八十元她也買。她說：「因為有時節瓜一斤只要四十五元啊，對待客人要一致，不能只挑便宜時候給。」

這一天，羅敏文做了沙拉、炸雞翅、墨魚干貝燉飯讓我拍照，拍完之後，我各試吃了一小口，就那少少幾口，我就已經把溫度小館列為未來朋友相聚時的口袋名單。然後，還剩很多，羅敏文問要打包嗎？我說不要。我知道，很可惜，很浪費，在其他店我也許會打包，但在溫度小館我不要，因為回家覆熱後的溫度會不對。「我下次會再來，以客人身分來感受那一切都很剛好的溫度。」

溫度小館招牌的墨魚干貝燉飯，滋味與溫度都很好。

善良

扶旺號

曾經痛哭的那一夜

潘威達

MISS TEPPAN

覓食餐飲　香連鐵板燒　周照子鐵板清粥小菜　甘妹弄堂鐵板湯包　扶旺號鐵板土司　扶瑞號鐵板波蘿　威宇鐵板牛排

雞絲鍋燒　喫尤平價鐵板燒　木子哩飛天臭臭鍋　小妹弄堂鐵板飯糰　小旺號鐵板捲餅　酷瑪經濟炒飯　淑貞軒家傳水餃

顏蒸卿好蚌麵　聞天祥鮮蝦麵　嗙腹好香雞肉飯　麻煮麻辣鴨血煲　料天町台灣手抓餅　油蔥鐵板炒麵　鐵膳公主經濟牛排

前言

餐飲博士潘威達曾大力推動寧夏夜市千歲宴，曾經把夜市小吃送進總統府國宴，二〇一九年開始，更與五月天STAYREAL合作在上海開設臺式鐵板早午餐，並正積極在洛杉磯、吉隆坡等國際城市開分店推廣臺灣美食文化，但很少人知道，在他年輕、專業、充滿創意的形象背後，曾經有過好幾次的無助徬徨，曾經有過痛哭的那一夜。

INDEX

扶旺號鐵板土司

網址：http://www.fullwant.com.tw

扶旺號 復興店

地址：臺北市復興南路一段133-2號

電話：02-27715736

營業時間：週一到週日7:00-19:00；每月最後一個週二公休

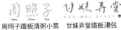

潘威達　小檔案

出生：一九八二年

學歷：宜蘭技術學院森林科、輔大餐飲管理組肄業、國立高雄餐旅大學餐飲管理系、餐旅管理研究所、師大餐旅管理與教育組教育學博士畢

實習：欣葉臺菜餐廳、臺北凱悅飯店宴會廳、臺北亞都麗緻飯店故事茶坊

獎項：博士論文-美食觀光教學實施成效之研究（二〇一四溫世仁服務科學博士論文獎佳作）、鐵邦國際事業股份有限公司（二〇一九經濟部商業司 SIIR 服務創新補助計劃之亮點廠商）

證照：丙級調酒技術士、丙級餐旅服務技術士、教育部頒發大專講師證書

經歷：國立高雄餐旅大學餐飲管理系講師、國立高雄餐旅大學全國校友總會祕書長，景文科大、臺北海洋技術學院、德霖技術學院、東南科技大學等大專院校餐旅管理系兼任講師，王品集團二代菁英之師

創業：覓食鐵邦美食集團，包含：覓食國際餐飲企業有限公司、鐵邦國際事業股份有限公司、香連鐵板燒、周照子、扶旺號、小旺號、甘妹弄堂、小妹弄堂、威宇牛排、喫尤鐵板燒、扶瑞號（上海）、油蔥、酷瑪（虛擬品牌）、咵腹（虛擬品牌）、顏蒸卿（虛擬品牌）……等。平均客單價：八十元到三百元間

走進臺北市忠孝復興SOGO百貨後方的「扶旺號鐵板土司」，店門口的場景讓人既陌生、又熟悉。熟悉的是，店門口有一個小小鐵板區，鐵板區後方站著一位頭戴廚師高帽的師傅正賣力翻煎，店門口熱氣與香味四溢，此時耳邊響起的是看我聽我、情深緣淺、夢田、橄欖樹……等一九七〇年代民歌。那個歌聲，那個場景，就是伴隨許多臺灣人長大的鐵板燒店面模樣。

讓人感覺陌生是菜單上的食物。「沙朗牛排蛋鐵板土司、花生煉乳土司、起士蛋鐵板捲餅、東石鮮蚵鐵板炒飯、鐵板蚵仔煎、紅茶牛乳、麥香紅茶……」，它都很像臺灣早餐店裡的食物，卻又好像有那麼點不太同，主要在於主餐單價都在百元上下，整體食材也比一般早餐店豪華許多。

這個有點熟悉又有點怪異組合的，就是目前正大受年輕人喜愛的「臺式鐵板早午餐」。在假日，它吸引許多晚起的年輕人來這裡好好吃一頓有著西式洋氣但又帶點臺灣味的美食；在平日，則吸引許多想吃比平常早餐

潘威達創立的扶旺號，成功帶起一波早餐革命。

父母從鐵板燒起家，目前潘威達創立的各種餐飲品牌，內在靈魂都是鐵板。

更豪華一點的上班族。由於口味與目標客群正中紅心，二〇一五年開幕不久就不時接獲希望加盟的電話，目前不只馬來西亞吉隆坡有分店，二〇二〇年也將在美國洛杉磯展店，甚至五月天的STAYREAL也主動邀請扶旺號FULLWANT合作於二〇一九年初在上海開了「扶瑞號FULLREAL」。

夜市路邊攤鐵板燒之子　帶領千歲宴打進國宴圖

扶旺號創辦人潘威達出生於臺北，爸媽在雙連寧夏夜市經營路邊攤鐵板燒，潘威達在宜蘭技術學院五專畢業後，一路往上進修到高餐二技、研究所，並於二〇一四年取得臺師大餐旅管理與教育的博士學位。

二〇〇七年高餐研究所畢業後，潘威達邊唸博士班邊回家協助父母經營鐵板燒店並導入許多新想

學生時代認真學習各種餐飲知識的潘威達（左一）。

法，例如以客家蘿蔔糕跟閩南豬血糕炒入鹹蛋和皮蛋推出「雙連蛋糕」象徵父母親的戀愛故事，滿滿創意讓傳統父親氣到不想跟他說話，但讓香連鐵板燒拿下青輔會原鄉時尚餐飲文化創意競賽的冠軍。

二〇〇九年香連鐵板燒入選臺北市政府商業處老店示範店；二〇一〇年與同爲高餐的女友彭柏瑀和高餐研究所學長蔡志建合作成立「覓食餐飲」，協助許多臺灣美食老店改造與提升，並協助寧夏夜市老攤商進行形象改造；二〇一二年成功結合眾多寧夏夜市老攤推出千歲宴並進入總統府國宴；二〇一三年香連鐵板燒成爲世界棒球經典賽中華健兒歸國餐宴，從此成爲臺灣最著名的鐵板燒店之一，一波波的肯定，也讓父親也不再生氣，反以潘威達爲榮。

二〇一二這一年，意氣風發的潘威達覺得

潘威達與高餐碩士班指導教授劉秀慧合照。當年潘威達是第一位被其指導的研究生。

連鐵板
市雙連鐵板燒將台、客元素秘方融入鐵板醬汁中，
的態度與秉持著不服輸的心，讓此味道成為台北大同雙連地區許多老朋友的好味道...

Full
Want
TAIPEI

周照子
Chou Chao Tzu

父母創立的雙連、用阿嬤名字命名的周照子，用父親名字命名的扶旺號……，潘威達事業與生命，都與家人緊緊相連。

獨特的鐵板清粥店，周照子經過這些年認真營運，已轉虧為盈。

自己無所不能，因此決定用阿嬤的名字「周照子」開了一家以鐵板方式料理的清粥小菜店，他心想：「賣的是早年農村與受日本文化影響的飲食記憶，賣的是甘蔗西施的故事，賣的是我潘威達的創意，怎麼可能不成功？」在此同時，覺得自己無所不能的潘威達也在極度忙碌之餘還回高餐擔任教職，同時在臺師大攻讀餐飲博士學位。

在五月天《倔強》歌聲中痛哭

怎麼也沒想到的是，「周照子」開店之後，人潮冷冷清清。

「我每天坐在門口，看著人潮來來往往，但就是沒人走進店裡，每天結算下來，營業額只有幾千元，換算下來每天只有十多位客人。」

「第一個月沒人，應該是剛開幕的關係吧！」「第二個月沒人，看來得辦活動促銷了！」「第三個月沒人，眞的是我方向沒抓對嗎？」等到第六個月沒人，等到每天一開門就要賠上萬元，潘威達臉上再也看不到意氣風發了。

那時，潘威達每天忙到深夜打烊後會約當時的女友彭柏瑀（現在的老婆）一起去看電影紓壓。「那一天半夜一點多，有點下雨，我們騎著車到欣欣大眾影城後，我讓老婆去買票，我去買鹹酥雞，買好鹹酥雞回來，票還沒買，因爲現場十多個廳的電影我們都看過了，只剩一部《五月天追夢3DNA》，但它似乎不太像電影。」可是，鹹酥雞都買了，那就看吧！於是，這一天深夜的這一場電影只有潘威達跟彭柏瑀兩個人，他們一邊吃著鹹酥雞，一邊看著劇中主角追夢的故事，看著五月天阿信唱著歌，看著、聽著，突然間潘威達就淚水決堤。

「我一直覺得我很行，一直走在成功的路上，事實上那時的我同時要在臺北攻讀博士學位，同時要到高雄高餐授課，南北奔波很疲累，但眞正困難的是覓食和周照子一直賠錢，年關將至，我要到處去借錢才能發薪水給員工，我這才知道香連鐵板燒的成功不是我潘威達厲害，而是我爸媽花了將近二十年所打下的基礎，是我弟弟十多年來一直蹲在路邊幫忙洗碗且不爭不求，是他們賺錢讓我在外唸書、進修博士，而我卻回家後攬盡所有光芒，事實上我自己眞正創業的周照子根本沒客人。」

這一晚，當五月天的《倔強》歌聲響起：「就這一次，我和我的倔強。對！愛我的人別緊張，我的固執很善良……，你說被火燒過，才能出現鳳凰。」潘威達說，不知為何，當天在電影院聽到這首歌時哭到無法自己，哭到全世界只剩柏瑀緊緊握著他的手。

「事實上這陣子，我數次考慮要把覓食和周照子收了，那每天逼來的財務壓力與課業壓力，已經大到我想把一切結束，但在這首歌後，我告訴自己，要倔強，要撐下去，要為家人與員工撐下去。」

第二次挫敗　轉變危機成餐飲集團

沒有那一晚的「倔強」，沒有周照子的虧損，就沒有願意虛心看待自己並堅持下來的潘威達。從這一天起，潘威達重新檢視周照子的經營策略，終於在一年多後順利止虧為盈，在二〇一四年拿下博士學位，並很快迎來人生再一次高峰契機：「統茂集團邀請合作。」

「那是一個很大的計畫。」潘威達說，當時統

以父親名字命名的扶旺號，成功帶動年輕餐飲市場。

茂集團計畫在大陸成立全新餐飲品牌，計畫將臺灣鐵板早午餐推到中國大陸開連鎖店。「原本一切都很順利，我們去深圳考察了五十幾家貢茶和總部，但在二〇一五年二月，除夕前兩天，那天我被邀請到臺中王品總部對六十多位區經理演講，我穿著西裝，趴哩趴哩心情正好，演講結束後搭高鐵商務艙回臺北公司開會，開到一半，突然一通電話，統茂集團打來，說他們評估之後決定中止。」

約都還沒簽，天要下雨也沒辦法，然而，所有的人事、設備與軟硬體規劃都已箭在弦上，根本撤不回。這一年除夕，潘威達在彷彿失去靈魂的煎熬中度過，最終想到的解決方案是詢問香連與周照子的二十二名員工有沒有人願意「內部創業」，請同仁一起湊資金投資。最後二十二位同仁中有十三位願意參與，有人出資三十萬、五十萬，也有人一萬、二萬，甚至有的員工沒錢但充滿心意，因此跟潘威達借錢投資表達支持，再每個月從薪水中扣還，最後合計湊了五百萬成立「鐵邦國際」，也就此宣告事業體從家族企業走入企業家族。

幾個月後，靠著這些員工東拼西湊的五百萬以及被拒絕的企劃，鐵邦國際以潘威達父親之名「潘扶旺」開了「扶旺號」賣鐵板早午餐，開店一個月後立即爆紅，媒體與部落客陸續到訪，這除了讓潘威達重拾信

以外婆名字命名的甘妹弄堂，讓上海生煎包與客家文化和諧相遇。

心，證明自己當初的規劃沒有問題外，許多國際代理店與商家也相繼捧著現金前來要求加盟，爲加盟商量身打造的「小旺號」也就此產生。

二○一七年，以外婆「甘妹」之名，將鐵板燒技法結合上海生煎和小籠湯包滋味的「甘妹弄堂」鐵板湯包，以及適合加盟的「小妹弄堂」鐵板鍋貼陸續成立，加上「威宇牛排」、「喫尤鐵板燒」，以及針對目前外賣市場潮流而開發的虛擬品牌「酷瑪」、「咵腹」、「顏蒸卿」等等也一一成立，覓食鐵邦就此站穩腳步，目前員工數已從當時的二十二人成長到一百七十多人。

在鐵板煙霧中　遇見善良

在覓食鐵邦美食集團眾多品牌中，香連鐵板燒是起源，周照子二○一七年又讓阿嬤的甘蔗西施重回西門町店闖出一片天，扶旺號是最響亮的品牌，吸引許多外國旅客造訪，甘妹、小妹、喫尤也都有支持者，但其中最讓潘威達有感的是「威宇牛排」。

「威宇」是潘威達弟弟之名。在二〇一八年初，在覓食鐵邦美食集團正要快速發展時，潘威宇突然在國外因糖尿病併發症去世，才三十多歲。潘威達說：「我的弟弟總是默默的做，靜靜付出，在我攻讀學位的時候，是他陪著我爸媽蹲在路邊攤洗碗、刷鐵板、推攤車賺學費讓我安心唸書做研究，在我回家搶盡所有媒體光芒像個老闆高高在上時，是他與員工們一起嘻嘻哈哈爲公司創造了和諧歡樂，在我最困難時，他依舊默默守著鐵板燒攤子，默默支持。」

「我在他身上看到了善良！」「他走之後，我才意識到，是他的不爭不求，才造就了整個集團的和諧，是他的善良，才成就了今天的潘威達，但我以前一直沒懂，一直沒有好好跟他說聲謝謝。」弟弟的過世，讓潘威達人生觀徹底顛覆。以前看餐飲，中心思想是營收，而現在，中心思想是善良。「只要有善良，只要願意待客人如家人，怎麼會有食安問題？怎麼會有服務問題？又怎麼會有勞資問題。」

覓食鐵邦美食集團，一個很罕見，以「善良」爲中心思想的餐飲集團，正將臺灣美食文化的善良氛圍，有如鐵板燒的香氣，往國際飄散。

給學弟妹的一句話：

如果可以，不要創業，除非很有決心願意面對創業時的眾多壓力。

從雙連到香連，不變的是，對家人與員工的心意相連。

有著無法停止創業魂的潘威達。

採訪後記／一個創品牌成癮的人

當香連鐵板燒成為臺灣知名的鐵板燒店之一，當扶旺號紅到連五月天都主動來談合作，這個時候，許多人的選擇是深耕品牌，以同一品牌好好展店。但潘威達不是。它在那之後持續創了許多品牌，而且沒有歇息的念頭，我問他：「為什麼呢？一直創品牌的意義在哪裡？」

「沒有錯，我知道，例如像鬍鬚張那樣一個品牌展七十家店，或許是更好更穩更能累積的作法。但我就是不行。」潘威達說：「我曾經強迫自己五年內不要去想創建新品牌的事，但我就是不行，也許是書念太多，我就是會看到趨勢。當我看到外賣市場不停發展，當我看到虛擬品牌會有它的意義，我就是停不下來。後來，我跟自己妥協了，我知道我的天賦就是喜歡嘗試，喜歡從無到有，為什麼要浪費自己天賦？所以，我給我自己的口號是要創一百個品牌。」

就這樣，一個鼓勵學弟妹千萬別創業的博士學長，卻自己拼了命不停創業創品牌。

唯一的好處是，這些品牌，都很清楚，圍繞著臺灣的料理精神與鐵板手法。「我的論文就寫臺灣美食文化教育，然而，臺灣味是一件很難說得明白的事，但重點在於臺灣味不能只有味，味道之外，一定要有文化。如果有一天臺灣美食可成為世界餐飲潮流，覓食鐵邦 MISS-TEPPAN 一定會身在其中。」

於是我知道，我面前這個人，是一個腦袋永遠轉不停的人，但幸運的是，中心思想是善良跟臺灣美食文化，值得期待創出更多精采的餐飲文化。

附錄

18家校友創業餐廳資訊地圖

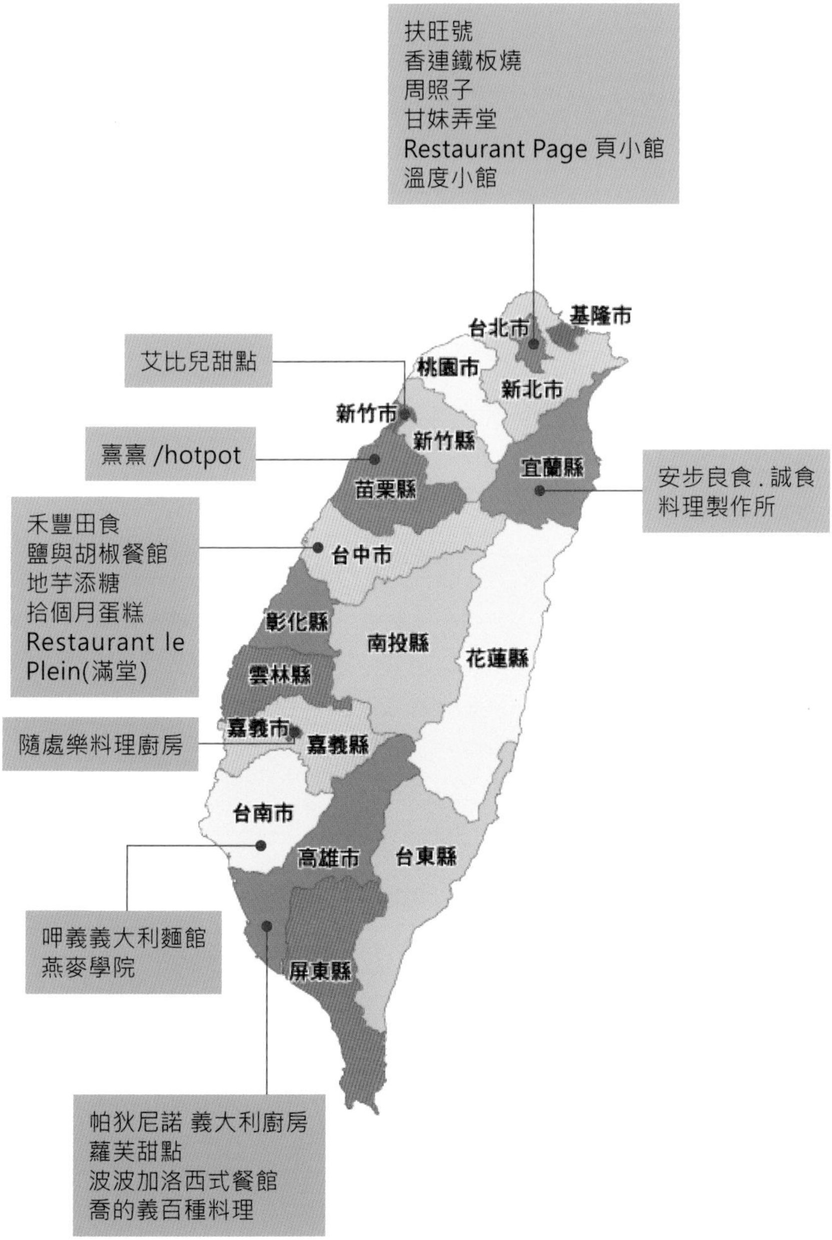
扶旺號
香連鐵板燒
周照子
甘妹弄堂
Restaurant Page 頁小館
溫度小館
基隆市
台北市
艾比兒甜點
桃園市
新北市
新竹市
新竹縣
熹熹 /hotpot
宜蘭縣
安步良食 . 誠食
料理製作所
苗栗縣
禾豐田食
鹽與胡椒餐館
地芋添糖
拾個月蛋糕
Restaurant le
Plein(滿堂)
台中市
彰化縣
南投縣
花蓮縣
雲林縣
隨處樂料理廚房
嘉義市
嘉義縣
台南市
高雄市
台東縣
呷義義大利麵館
燕麥學院
屏東縣
帕狄尼諾 義大利廚房
蘿芙甜點
波波加洛西式餐館
喬的義百種料理

Note

Note

Note

Note

國家圖書館出版品預行編目資料

{高餐大的店}：創業與夢想. II／國立高雄餐旅大學主編. ——初版.——高雄市：高雄餐旅大學, 2020.10
面； 公分
ISBN 978-986-98657-7-7（平裝）

1.創業

494.1　　109014708

1LAW觀光系列

高餐大的店　創業與夢想II

18位餐飲職人創業的夢想與實踐

主　　編：國立高雄餐旅大學（NKUHT Press）
發 行 人：楊政樺
發行單位：國立高雄餐旅大學（NKUHT Press）
地　　址：高雄市812小港區松和路1號
電　　話：(07)806-0505
傳　　真：(07)802-2985
總 策 劃：陳秀玉
執行單位：研究發展處
文字編輯：陳志東
採訪記者：陳志東
圖片來源：陳志東、各家餐廳
　　　　　玩美點子有限公司

發 行 人：楊榮川
總 經 理：楊士清
總 編 輯：楊秀麗
副總編輯：黃惠娟
責任編輯：高雅婷
封面設計：韓大非
出版／發行：五南圖書出版股份有限公司
地　　址：106台北市大安區和平東路二段339號4樓
電　　話：(02)2705-5066　　傳　　真：(02)2706-6100
網　　址：http://www.wunan.com.tw
電子郵件：wunan@wunan.com.tw
劃撥帳號：19628053
戶　　名：五南圖書出版股份有限公司

法律顧問　林勝安律師事務所 林勝安律師

出版日期　2020年10月初版一刷
定　　價　新臺幣380元

GPN：1010901434

經典永恆・名著常在

五十週年的獻禮——經典名著文庫

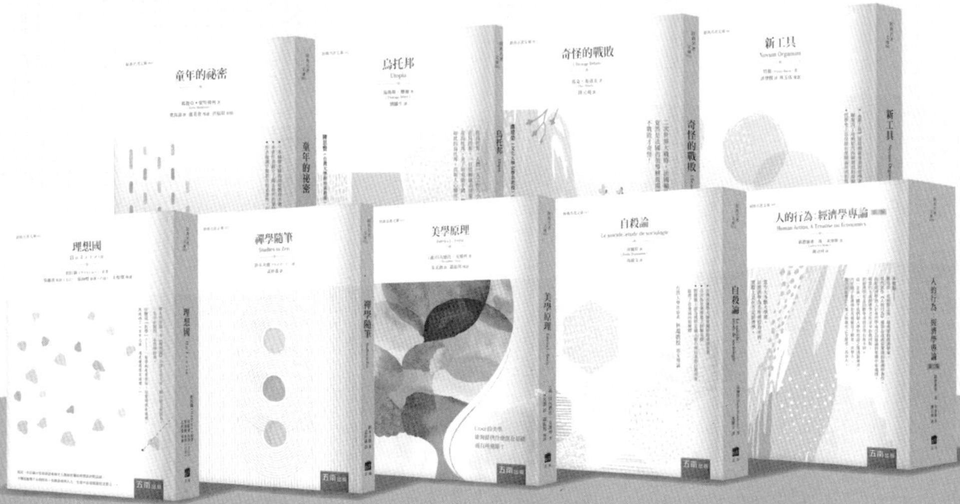

五南，五十年了，半個世紀，人生旅程的一大半，走過來了。
思索著，邁向百年的未來歷程，能為知識界、文化學術界作些什麼？
在速食文化的生態下，有什麼值得讓人雋永品味的？

歷代經典・當今名著，經過時間的洗禮，千錘百鍊，流傳至今，光芒耀人；
不僅使我們能領悟前人的智慧，同時也增深加廣我們思考的深度與視野。
我們決心投入巨資，有計畫的系統梳選，成立「經典名著文庫」，
希望收入古今中外思想性的、充滿睿智與獨見的經典、名著。
這是一項理想性的、永續性的巨大出版工程。
不在意讀者的眾寡，只考慮它的學術價值，力求完整展現先哲思想的軌跡；
為知識界開啟一片智慧之窗，營造一座百花綻放的世界文明公園，
任君遨遊、取菁吸蜜、嘉惠學子！